Aboubacrine Assadek

Sur la Beta-Réduction de Filtrations d'Anneaux et de Modules

Aboubacrine Assadek

Sur la Beta-Réduction de Filtrations d'Anneaux et de Modules

beta-réductions de filtrations d'anneaux et de modules

Presses Académiques Francophones

Impressum / Mentions légales

Bibliografische Information der Deutschen Nationalbibliothek: Die Deutsche Nationalbibliothek verzeichnet diese Publikation in der Deutschen Nationalbibliografie; detaillierte bibliografische Daten sind im Internet über http://dnb.d-nb.de abrufbar.

Alle in diesem Buch genannten Marken und Produktnamen unterliegen warenzeichen-, marken- oder patentrechtlichem Schutz bzw. sind Warenzeichen oder eingetragene Warenzeichen der jeweiligen Inhaber. Die Wiedergabe von Marken, Produktnamen, Gebrauchsnamen, Handelsnamen, Warenbezeichnungen u.s.w. in diesem Werk berechtigt auch ohne besondere Kennzeichnung nicht zu der Annahme, dass solche Namen im Sinne der Warenzeichen- und Markenschutzgesetzgebung als frei zu betrachten wären und daher von jedermann benutzt werden dürften.

Information bibliographique publiée par la Deutsche Nationalbibliothek: La Deutsche Nationalbibliothek inscrit cette publication à la Deutsche Nationalbibliografie; des données bibliographiques détaillées sont disponibles sur internet à l'adresse http://dnb.d-nb.de.

Toutes marques et noms de produits mentionnés dans ce livre demeurent sous la protection des marques, des marques déposées et des brevets, et sont des marques ou des marques déposées de leurs détenteurs respectifs. L'utilisation des marques, noms de produits, noms communs, noms commerciaux, descriptions de produits, etc, même sans qu'ils soient mentionnés de façon particulière dans ce livre ne signifie en aucune façon que ces noms peuvent être utilisés sans restriction à l'égard de la législation pour la protection des marques et des marques déposées et pourraient donc être utilisés par quiconque.

Coverbild / Photo de couverture: www.ingimage.com

Verlag / Editeur:
Presses Académiques Francophones
ist ein Imprint der / est une marque déposée de
AV Akademikerverlag GmbH & Co. KG
Heinrich-Böcking-Str. 6-8, 66121 Saarbrücken, Deutschland / Allemagne
Email: info@presses-academiques.com

Herstellung: siehe letzte Seite /
Impression: voir la dernière page
ISBN: 978-3-8381-7192-0

UNIVERSITÉ DE BAMAKO
Faculté des Sciences et Techniques

THÈSE

présentée pour obtenir le grade de

DOCTEUR EN MATHÉMATIQUES DE L'UNIVERSITÉ DE BAMAKO

Spécialité: Algèbre commutative

par ASSADEK Aboubacrine

TITRE:

SUR LA β-RÉDUCTION DES FILTRATIONS D'ANNEAUX ET DE MODULES.

Soutenue publiquement le 28 novembre 2011 devant la commission d'examen

Gaoussou TRAORÉ,	Président
Daouda SANGARÉ,	co-Directeur
Niamanto DIARRA,	co-Directeur
Henri DICHI,	Examinateur
Gana Blaise TOGO,	Examinateur
Youssouf DIAGANA,	Rapporteur
Nouzha El YACOUBI,	Rapporteur

DÉDICACES

Je dédie cette thèse à ma défunte mère Allama Wallet ELMEHDY et mon défunt père Hamahady Ag HATABALY, dormez en paix.

REMERCIEMENTS

Je voudrais remercier Monsieur Daouda SANGARÉ, Professeur à l'Université d'Abobo-Adjamé (Abidjan-Côte d'ivoire), qui a accepté de co-diriger cette thèse avec constance et patience ; il m'a initié aux techniques d'algèbre commutative. Sa disponibilité et sa rigueur ont contribué à la réalisation de ce travail.

Je remercie Monsieur Niamanto DIARRA, Professeur à l'Université de Bamako qui a co-dirigé cette thèse.

Je suis très sensible à l'honneur que m'ont fait Monsieur Youssouf DIAGANA, Maître de Conférences à l'Université d'Abobo-Adjamé et Madame Nouzha El YACOUBI, Professeur à l'Université Mohamed V de Rabat (Maroc) d'avoir consacré une partie de leur temps pour l'examen de ce travail et en être les rapporteurs.

Je tiens à exprimer toute ma reconnaissance et ma profonde gratitude envers Monsieur Henri DICHI, Maître de Conférences de classe exceptionnelle de l'Université Blaise Pascal de Clermont-Ferrand II (France), pour les conseils et les encouragements qu'il m'a prodigués à Clermont-Ferrand et à Bamako où il a effectué un séjour d'une semaine financé par le RAMSES, et d'avoir accepté de prendre part au jury.

Mes remerciements vont à Monsieur Gaoussou TRAORÉ, Professeur à l'Université de Bamako pour avoir accepté de présider ce jury.

Mes remerciements vont également à Monsieur Gana Blaise TOGO, Maître-Assistant à l'Université de Bamako (Mali), pour avoir accepté de prendre part au jury.

Je ne saurai oublier mes amis du séminaire d'algèbre commutative des universités de Bamako, d'Abobo Adjamé, de Cocody et de Clermont Ferrand.

Je rémercie les institutions ci-après qui m'ont aidé et accompagné dans la réalisation de cette thèse :
- L'Université de Bamako à travers le Programme de Formation de Formateurs (PFF) ;
- le MRTC ;
- L'Université Blaise Pascal-Clermont Ferrand à travers le Laboratoire de Mathématiques de l'UFR Sciences et Technologies.

Mes remerciements à tous ceux qui ont contribué à mon éducation et à ma formation de la maternelle jusqu'à ce jour.

TABLE DES MATIÈRES

INTRODUCTION

Nos travaux de recherche se situent dans le courant qui étudie l'extension aux filtrations de la théorie asymptotique des idéaux. La théorie asymptotique des idéaux a comme point de départ l'article de P.Samuel "Some asymptotique properties of powers of ideals". L'idée directrice de cet article était d'expliciter dans un anneau commutatif nœthérien A, le bon comportement asymptotique des puissances d'un idéal. Les principaux outils introduits, par Samuel dans cet article sont les nombres $\overline{v}_I(J)$ et $\overline{w}_I(J)$ associés à tout couple (I, J) d'idéaux non nilpotents de A tel que $\sqrt{I} = \sqrt{J}$ et $\bigcap_{n \in \mathbb{N}} I^n = 0 = \bigcap_{n \in \mathbb{N}} J^n$ et définis comme suit : $v_I(J) = sup\{r \in \mathbb{N}, J \subseteq I^r\}$ et $w_I(J) = \inf\{r \in \mathbb{N}, I^r \subseteq J\}$

$$\overline{v}_I(J) = \lim_{n \to +\infty} \frac{v_I(J^n)}{n} \text{ et } \overline{w}_I(J) = \lim_{n \to +\infty} \frac{w_I(J^n)}{n}.$$

Lorsque $J = xA$ est un idéal principal, l'application $x \longmapsto \overline{v}_I(xA) = \overline{v}_I(x)$ est la pseudo-valuation homogène I-adique étudiée par D.Rees et qui permet de définir la clôture asymptotique de I, notée $\overline{I}$ telle que $\overline{I} = \{x \in A, \overline{v}_I(x) \geq 1\}$.

On sait que la clôture asymptotique et la clôture intégrale d'un idéal coïncident lorsque l'anneau est nœthérien. La théorie asymptotique des idéaux utilise abondamment les notions de pseudo-valuation homogène et de dépendance intégrale sur un idéal, les clôtures asymptotique et intégrale d'un idéal, la notion de réduction, notion étroitement liée à celle de la dépendance intégrale.

Les notions de polynômes de Hilbert, les multiplicités et les largeurs analytiques d'un idéal etc...ces concepts jouent un rôle fondamental dans beaucoup de domaines, notamment en géometrie algébrique.

De nombreux auteurs tels que P.Samuel, D.Rees, M.Nagata, M.Brodmann, M.Lejeune, B.Teissier, M.Morales, etc...ont contribué au développement de cette théorie.

Il est intéressant de noter que de nombreux résultats concernant les idéaux sont obtenus à l'aide des filtrations non I-adiques. Ceci donne des motifs supplémentaires d'entreprendre une étude des filtrations dans le cadre d'une théorie indépendante. Le cas de filtrations définies par la suite des puissances symboliques d'un idéal premier a permis par exemple à Cowsik et Nori de donner une condition nécessaire et suffisante portant sur le caractère nœthérien d'une telle filtration pour qu'une courbe soit intersection complète ensembliste.

On savait, depuis les contre-exemples donnés par Rees, que les filtrations définies par les puissances symboliques d'un idéal premier ne sont pas toujours nœthériennes. Des critères de nœthérianité de telles filtrations ont été donnés par Huneke, ainsi que par S. Elialou dans le cas des courbes monomiales. De ce fait, de nombreux auteurs parmi lesquels D. Rees, L.J. Ratliff Jr, Mc. Adam, W. Bishops, S. Goto, N.V. Trung ont entrepris

depuis trois décenies de placer la théorie asymptotique dans le cadre unifié de la théorie
asymptotique des filtrations. Nos recherches se situent dans cette mouvance dont le chef
de file est le Professeur Daouda SANGARÉ.

   DG.Northcott et D.Rees ont introduit dans [12] la notion de réduction des idéaux, notion très souvent manipulée en algèbre commutative par les théoriciens de l'étude asymptotique des idéaux. Cela est renforcé par le fait que cette notion est indéniablement rat-
tachée aux notions de dépendance intégrale, des polynômes de Hilbert, des multiplicités et
de la largeur analytique d'idéaux par le biais desquelles elle est devenue un outil efficace.
Ces notions constituent des outils fondamentaux dans divers domaines : algèbre commutative, géometrie et géometrie algébrique... Ainsi des auteurs ont généralisé aux filtrations
la notion de réduction ; deux notions de l'extension aux filtrations sont connues :

   – d'abord la réduction au sens d'Okon et Ratliff, notée α-réduction, se définit comme
     suit :
     La filtration $f = (I_n)_{n\in\mathbb{Z}}$ est une α-réduction de $g = (J_n)_{n\in\mathbb{Z}}$ si :
     – $f \leq g$
     – il existe $d \in \mathbb{N}^\star$ tel que $J_n = \sum_{p=0}^{d} I_{n-p}J_p$, $\forall n \geq 1$.
   – Puis la seconde appelée réduction au sens de Dichi-Sangaré-Soumaré ou β-réduction :
     La filtration $f = (I_n)_{n\in\mathbb{Z}}$ est une β-réduction de $g = (J_n)_{n\in\mathbb{Z}}$ si :
     – $f \leq g$
     – il existe $k \in \mathbb{N}^\star$, $J_{k+n} = J_k I_n \,\forall n \geq k$.

   Dans le Chapitre 1, pour une autonomie du lecteur, nous avons rappelé les notions
essentielles de base d'algèbre commutative.

   Dans le Chapitre 2 nous proposons de transposer des propriétés, théorèmes, corol-
laires et propositions vérifiés dans [15] par la β-réduction dans le cas où f est fortement
nœthérienne et g nœthérienne.

   Nous avons énoncé et établit entre autres les résultats ci-dessous :

1. Soient $f = (I_n)_{n\in\mathbb{Z}}$ une filtration fortement nœthérienne et $g = (J_n)_{n\in\mathbb{Z}}$ une filtration
   nœthérienne sur un anneau nœthérien A, alors f est une β-réduction de g si et
   seulement si f est une α-réduction de g.

2. Soit A un anneau nœthérien, la filtration fortement nœthérienne f est une β-
   réduction de la filtration g nœthérienne si et seulement si $\Re(A, g)$ est une $\Re(A, f)$-
   algèbre finie.

3. Soient A un anneau nœthérien, f et g deux filtrations de A respectivement fortement
   nœthérienne et nœthérienne.
   Si f est une β-réduction de g alors :
   – $f \leq g \leq P(f)$
   – il existe $d \in \mathbb{N}^\star$ tel que $t_d g \leq f \leq g$.

   Dans le Chapitre 3 nous définissons la notion de β-réduction de filtrations relativement à un A-module M.

   Soient $f = (I_n)_{n\in\mathbb{Z}}$, $g = (J_n)_{n\in\mathbb{Z}}$ deux filtrations sur A.

   f est une β-réduction de g relativement à M si :

– $f \leq g$.
– $\exists k \in \mathbb{N}^{\star}, \forall n \geq k, J_{k+n}M = J_k I_n M$.

Nous établissons un certain nombre de conditions nécessaires pour qu'une filtration $f = (I_n)_{n \in \mathbb{Z}}$ soit une β-réduction d'une filtration $g = (J_n)_{n \in \mathbb{Z}}$, entre autres :

(a) Si dans un anneau A, une filtration $f = (I_n)_{n \in \mathbb{Z}}$ est une β-réduction de $g = (J_n)_{n \in \mathbb{Z}}$ fortement A.P relativement à M, alors il existe $t \in \mathbb{N}^{\star}$ tel que pour tout $n \in \mathbb{N}^{\star}$, I_{tn} soit une réduction au sens de Northcott et Rees de J_{tn} relativement à M.

(b) f est une filtration A.P relativement à M si et seulement si g est une filtration A.P relativement à M.

Si f est une filtration E.A relativement à M alors g est une filtration E.A relativement à M.

(c) f et g ont même pseudo-valuation homogène associée (généralisation d'un résultat de D.SANGARE ([31, Proposition 3-7])).

(d) Si f est une β-réduction de g alors f et g ont même largeur analytique.

Nous généralisons ainsi le Théorème 4-[12] de Northcott-Rees.

Enfin dans le Chapitre 4 nous montrons que si f est une β-réduction de g dans un anneau A, alors :

(a) g est fortement entière sur f lorsque A est nœthérien.

(b) g est f-bonne lorsque f est une filtration E.A.

Nous démontrons également les résultats suivants :

(a) Soient un anneau nœthérien A, M un A-module de type fini, f et g deux filtrations sur A. Si f est une β-réduction de g et si g est une filtration A.P de cohauteur 0, alors les multiplicités $e(f, M)$ et $e(g, M)$ existent et son égales.

(b) Soient un anneau nœthérien A, f et g deux filtrations sur A telles que $f \leq g$, g nœthérienne et f fortement nœthérienne. Alors les assertions suivantes sont équivalentes :

– f est une β-réduction de g.
– Pour tout entier $s \geq 1$, $f^{(s)}$ est une β-réduction de $g^{(s)}$.
– Il existe un entier $s \geq 1$ tel que $f^{(s)}$ soit une β-réduction de $g^{(s)}$.
– g est entière sur f.
– g est fortement entière sur f.
– g est f-bonne.

Chapitre 1

1. Rappels.

On suppose dans tout ce qui suit que A est un anneau nœthérien, sauf mention expresse du contraire.

1.1 Filtrations d'un anneau A.

Définition 1.1.1. *Une famille d'idéaux $f = (I_n)_{n \in \mathbb{Z}}$ de A est appelée une filtration de A si :*

(i) $I_0 = A$,
(ii) $\forall n \in \mathbb{Z}, I_{n+1} \subseteq I_n$,
(iii) $\forall n, m \in \mathbb{Z}, I_n I_m \subseteq I_{n+m}$.

(i) et (ii) impliquent que $\forall n \leq 0, I_n = A$.

1.1.1 Opérations sur les filtrations.

Notons $\mathbb{F}(A)$ l'ensemble des filtrations de A. Nous avons :

- $(\mathbb{F}(A); \leq)$ est un ensemble ordonné où : $\forall f = (I_n)_{n \in \mathbb{Z}}, g = (J_n)_{n \in \mathbb{Z}} \in \mathbb{F}(A)$, $f \leq g$ si $\forall n \in \mathbb{Z}, I_n \subseteq J_n$.
- **Produit de deux filtrations :** $fg = (I_n J_n)_{n \in \mathbb{Z}}$.
- **Somme de deux filtrations :** $f + g = (K_n)_{n \in \mathbb{Z}}$ où $K_n = \sum\limits_{p=0}^{n} I_{n-p} J_p$.
- **Intersection de deux filtrations :** $f \cap g = (I_n \cap J_n)_{n \in \mathbb{Z}}$.
  On montre que fg, $f + g$ et $f \cap g$ sont des filtrations de A vérifiant $fg \leq f \cap g \leq f \leq f + g$.
- Pour tout entier $k \geq 1$, $f^{(k)} = (I_{kn})_{n \in \mathbb{Z}}$ est une filtration de A si $f = (I_n)_{n \in \mathbb{Z}} \in \mathbb{F}(A)$.
- Pour tout entier $d \geq 1$, $t_d f = (H_n)_{n \in \mathbb{Z}}$ où $H_0 = A$ et $H_n = I_{n+d}$, $\forall n \in \mathbb{N}^\star$, $t_d f$ est appelée la filtration tronquée d'ordre d de $f = (I_n)_{n \in \mathbb{Z}} \in \mathbb{F}(A)$.
- La filtration $f = (I^n)_{n \in \mathbb{Z}}$ où I est un idéal de A, est appelée la filtration I-adique, notée f_I, c'est la filtration de référence.

1.1.2   Autres filtrations usuelles.

(a) **Filtration AP :** On appelle filtration AP ou filtration approximable par des puissances d'idéaux toute filtration $f = (I_n)_{n \in \mathbb{Z}}$ de A telle qu'il existe une suite d'entiers naturels $(k_n)_{n \in \mathbb{N}}$ vérifiant $\forall m, n \in \mathbb{N}$, $I_{k_n m} \subseteq I_n^m$ et $\displaystyle\lim_{n \to +\infty} \frac{k_n}{n} = 1$.

(b) **Filtration fortement AP :** on appelle filtration fortement AP toute filtration $f = (I_n)_{n \in \mathbb{Z}}$ de A telle qu'il existe $k \in \mathbb{N}^\star$, $I_{nk} = I_k^n$ $\forall n \in \mathbb{N}^\star$ i.e $f^{(k)} = f_{I_k}$.

(c) **Filtration EP :** on appelle filtration EP (essentiellement puissance d'idéaux), toute filtration $f = (I_n)_{n \in \mathbb{Z}}$ de A, telle qu'il existe $k \in \mathbb{N}^\star$,

$$I_n = \sum_{p=1}^{k} I_{n-p} I_p \quad \forall n \geq 1.$$

1.2   Anneaux gradués associés.

1.2.1   Anneau gradué associé à une filtration f.

$G(A, f) = \displaystyle\bigoplus_{n \geq 0} \frac{I_n}{I_{n+1}}$ où $f = (I_n)_{n \in \mathbb{Z}}$.

La graduation de $G(A, f)$ est donnée comme suit : $A_n = \dfrac{I_n}{I_{n+1}}$ est l'ensemble des éléments homogènes de degré n et $\forall x \in I_n, \forall y \in I_m, (x + I_n)(y + I_m) = xy + I_{n+m+1}$, la multiplication étant étendue par linéarité à deux éléments quelconques de $G(A, f)$.

1.2.2   Anneaux de Rees.

$R(A, f) = \displaystyle\bigoplus_{n \geq 0} I_n X^n$ et $\Re(A, f) = \displaystyle\bigoplus_{n \in \mathbb{Z}} I_n X^n$, sont des anneaux gradués associés à la filtration f respectivement appelés anneau de Rees droit et anneau de Rees généralisé.

$R(A, f)$ est un sous-anneau gradué de l'anneau gradué $A[X]$ des polynômes à une indéterminée X et à cœfficients dans A.

$\Re(A, f)$ est un sous-anneau gradué de l'anneau gradué $A[X, u]$ où $u = \dfrac{1}{X}$.

On a : $\Re(A, f) = R(A, f)[u]$.

(i) Si les anneaux de Rees sont nœthériens on dit que la filtration est nœthérienne (dans ce cas A est nœthérien).

(ii) On dit que la filtration f est fortement nœthérienne s'il existe $k \in \mathbb{N}^\star$ tel que :

$$I_{n+m} = I_n I_m, \quad \forall n, m \geq k.$$

1.3   Filtration d'un A-module.

(a) Soit $\varphi = (M_n)_{n\in\mathbb{Z}}$ une famille de sous-modules d'un A-module M. φ est une filtration de M si :
- $M_0 = M$,
- $M_{n+1} \subseteq M_n$, $\forall n \in \mathbb{Z}$.

(b) Soient $f = (I_n)_{n\in\mathbb{Z}}$, $\varphi = (M_n)_{n\in\mathbb{Z}}$ deux filtrations respectivement de A et de M, φ est compatible avec f si : $I_p M_q \subseteq M_{p+q}$, $\forall p, q \in \mathbb{Z}$.

(c) Soient $\varphi = (M_n)_{n\in\mathbb{Z}}$ une filtration de A-module M et I un idéal de A.
φ est I-bonne si : $IM_n \subseteq M_{n+1} \forall n \in \mathbb{Z}$ et il existe $n_0 \in \mathbb{N}$ tel que : $IM_n = M_{n+1}$, $\forall n \geq n_0$.

(d) La filtration $\varphi = (I^n M)_{n\in\mathbb{Z}}$ où I est un idéal de A est appelée filtration I-adique de M.

(e) $\varphi = (M_n)_{n\in\mathbb{Z}}$ est dite faiblement f-bonne s'il existe $d \in \mathbb{N}^\star$ tel que :
$$M_n = \sum_{p=0}^{d} I_{n-p} M_p, \quad \forall n \geq d.$$

(f) $\varphi = (M_n)_{n\in\mathbb{Z}}$ est dite f-bonne s'il existe $d \in \mathbb{N}^\star$ tel que :
$$M_n = \sum_{p=1}^{d} I_{n-p} M_p, \quad \forall n \geq d.$$

(g) $\varphi = (M_n)_{n\in\mathbb{Z}}$ est dite f-fine s'il existe $d \in \mathbb{N}^\star$ tel que :
$$M_n = \sum_{p=1}^{d} I_p M_{n-p}, \quad \forall n \geq d.$$

1.4   Eléments entiers sur une filtration.

Définitions 1.4.1.

(a) *Soit $x \in A$, x est dit entier sur la filtration $f = (I_n)_{n\in\mathbb{Z}}$ si x est zéro d'un polynôme unitaire de degré m : $P(X) = X^m + a_{m-1}X^{m-1} + ... + a_0$, où $a_j \in I_j$ i.e $x^m + a_{m-1}x^{m-1} + ... + a_0 = 0$ où $a_j \in I_j$.*

(b) *$P_k(f) = \{x \in A / x \text{ entier sur} f^{(k)}\}$ est un idéal de A.*
On appelle clôture prüférienne la filtration $P(f) = (P_n(f))_{n\in\mathbb{Z}}$.

Proposition 1.4.1. *Les assertions suivantes sont équivalentes :*

(i) $x \in P_k(f)$, *c'est-à-dire x est entier sur $f^{(k)}$.*

(ii) xX^k *est entier sur $R(A, f)$.*

(iii) xX^k *est entier sur $\Re(A, f)$.*

Définitions 1.4.2.

(a) $g = (J_n)_{n \in \mathbb{Z}}$ *est entière sur $f = (I_n)_{n \in \mathbb{Z}}$ si $g \leq P(f)$.*

(b) g *est fortement entière sur f si :*

    (i) $f \leq g$ *;*

    (ii) $\Re(A, g)$ *est un $\Re(A, f)$-module de type fini.*

Nous utiliserons également les notions et notations suivantes :

1. La racine d'un idéal I de A est notée $\sqrt{I}$. Pour une filtration $f = (I_n)_{n \in \mathbb{Z}}$, on a $\forall n \geq 1$, $\sqrt{I_n} = \sqrt{I_1}$. La racine de la filtration f, notée $\sqrt{f}$, est la valeur commune des idéaux $\sqrt{I_n}$, $\forall n \geq 1$.

2. La cohauteur de f, notée $coht f$, est la dimension de Krull de l'anneau $\dfrac{A}{\sqrt{I}}$.

3. L'altitude de f, notée $alt f$, est égale à

$$\sup \left\{ ht P, \ P \text{ idéal premier minimal contenant } \sqrt{f} \right\}.$$

4. Soit un idéal I d'un anneau A. Une filtration $f = (I_n)_{n \in \mathbb{Z}}$ sur A est dite I-bonne si $\forall n \in \mathbb{N}$, $I I_n \subseteq I_{n+1}$ et il existe un entier $n_0 \geq 0$ tel que $I I_n = I_{n+1}$ pour tout $n \geq n_0$.

Chapitre 2

2. Réduction au sens DSS[1] d'une filtration nœthérienne de réduite fortement nœthérienne.

Dans ce chapitre on suppose que A est un anneau nœthérien, $f = (I_n)_{n \in \mathbb{Z}}$ est une filtration de A.

2.1 Définitions, exemples et propriétés générales.

Définition 2.1.1. *1) La filtration $f = (I_n)_{n \in \mathbb{Z}}$ est une α-réduction de $g = (J_n)_{n \in \mathbb{Z}}$ si :*

  (i) $f \leq g$

  (ii) il existe $d \in \mathbb{N}^\star$ tel que $J_n = \sum_{p=0}^{d} I_{n-p} J_p$, $\forall n \geq 1$.

2) Soient $f = (I_n)_{n \in \mathbb{Z}}$ et $g = (J_n)_{n \in \mathbb{Z}}$ deux filtrations sur un anneau A ; f est une β-réduction de g ou réduction au sens de Dichi-Sangaré-Soumaré si :

  (i) $f \leq g$;

  (ii) il existe $k \in \mathbb{N}^\star$ tel que : $\forall n \geq k$, $J_{k+n} = J_k I_n$.

Exemples 2.1.1. (a) Toute filtration fortement nœthérienne est sa propre β-réduction. En effet, soit $f = (I_n)_{n \in \mathbb{Z}}$ une filtration fortement nœthérienne c'est-à-dire qu'il existe un entier naturel k tel que $I_{m+n} = I_m I_n$, $\forall m, n \geq k$ en posant $m = k$ on a : $I_{k+n} = I_k I_n \forall n \geq k$, et par suite f est une β-réduction de f.

(b) Sur un anneau A, soit $g = (J_n)_{n \in \mathbb{Z}}$ une filtration sur A telle que $J_n = (0)$ au delà de $r \geq 2$ c'est-à-dire $g = (A, J_1, ..., J_r, (0), (0), ...)$ et posons $I_n = J_{r+n-1}$ et $I_0 = A$. $f = (I_n)_{n \in \mathbb{Z}}$ est une filtration de A et on montre que f est une β-réduction de g . En effet $J_{k+n} = J_k I_n \forall n \geq k$ où $k = r \geq 2$.

(c) Soient deux idéaux I et J d'un anneau nœthérien tels que I soit une réduction de J . Alors $I \subseteq J$ et il existe $s \in \mathbb{N}^\star$ tel que $J^{s+1} = J^s I$, on en déduit que :

$$\forall n \geq 1, \forall m \geq 0, J^{ns+m} = J^{ns} I^m \tag{2.1}$$

Posons $g = (J_n)_{n \in \mathbb{Z}}$ avec $J_n = \begin{cases} J^{\frac{n}{2}}, & \text{si } n \text{ pair} \\ J^{\frac{n+1}{2}}, & \text{si } n \text{ impair} \end{cases}$ et $f = (I_n)_{n \in \mathbb{Z}}$ avec $I_n = \begin{cases} I^{\frac{n}{2}}, & \text{si } n \text{ pair} \\ I^{\frac{n+1}{2}}, & \text{si } n \text{ impair} \end{cases}$.

---

1. DSS = Dichi-Sangaré-Soumaré

Notons $r = 2s$ et montrons que $\forall n \geq 0, J_{r+n} = J_r I_n$. Si n est pair alors $r+n = 2s+n$ est pair, $J_{r+n} = J^{\frac{2s+n}{2}} = J^{s+\frac{n}{2}}$ et $J_r I_n = J^{\frac{2s}{2}} I^{\frac{n}{2}} = J^{s+\frac{n}{2}}$ (d'après (2.1)). Si n est impair alors $r+n = 2s+n$ est impair, $J_{r+n} = J^{\frac{2s+n+1}{2}} = J^{s+\frac{n+1}{2}}$ et $J_r I_n = J^{\frac{2s}{2}} I^{\frac{n+1}{2}} = J^{s+\frac{n+1}{2}}$ (d'après 2.1). Dans tous les cas on a : $\forall n \geq 0, J_{r+n} = J_r I_n$; de plus $f \leq g$ par construction, f est donc une β-réduction de g.

Lemme 2.1.1. *Si $f = (I_n)_{n \in \mathbb{Z}}$ et $g = (J_n)_{n \in \mathbb{Z}}$ sont deux filtrations sur un anneau A telles que f soit une β-réduction de g , alors il existe un entier $k \geq 1$ tel que pour tout $s \geq 1$, on a :*

$$\forall n \geq k, J_{ks+n} = J_{ks} I_n. \tag{2.2}$$

Démonstration. Si f est une β-réduction de g , alors $f \leq g$ et $\exists k \in \mathbb{N}^\star, \forall n \geq k, J_{k+n} = J_k I_n$. La relation (2.2) est donc vraie pour $s = 1$. Supposons la vraie à l'ordre $s \geq 1$ c'est-à-dire $\forall n \geq k, J_{ks+n} = J_{ks} I_n$. $J_{k(s+1)+n} = J_{k+ks+n} = J_k I_{ks+n} \subseteq J_k J_{ks+n} = J_k(J_{ks} I_n) \subseteq J_{k(s+1)} I_n$, l'inégalité inverse étant évidente car $f \leq g$, on a : $J_{k(s+1)+n} = J_{k(s+1)} I_n$, et le lemme est démontré. $\qquad\square$

Proposition 2.1.2. *Soient $f = (I_n)_{n \in \mathbb{Z}}$ et $g = (J_n)_{n \in \mathbb{Z}}$ deux filtrations sur un anneau A. Les assertions suivantes sont équivalentes :*

 (i) $f \leq g$ *et* $\exists r \in \mathbb{N}^\star, \exists n_0 \in \mathbb{N}, \forall\ n \geq n_0, J_{r+n} = J_r I_n$.

 (ii) $f \leq g$ *et* $\exists k \in \mathbb{N}^\star, \forall\ n \geq k, J_{k+n} = J_k I_n$.

Démonstration. Supposons *(i)* et montrons *(ii)*. Si $r \geq n_0$, alors on pose $k = r$ et (ii) est vérifiée. Si $r < n_0$, alors on pose $k = n_0 r$ d'après le Lemme 2.1.1 *(ii)* est vérifiée. Donc *(i)* $\Rightarrow$ *(ii)*.

Réciproquement supposons *(ii)* et montrons *(i)*, évident il suffit de poser $r = n_0 = k$. Donc *(ii)* $\Rightarrow$ *(i)*. D'où *(i)* $\Leftrightarrow$ *(ii)*. $\qquad\square$

Remarque 2.1.1. Soient I et J deux idéaux de A. f_I est une β-réduction de f_J si et seulement si I est une réduction de J [12]. En effet si f_I est une β-réduction de f_J, alors $f_I \leq f_J$ donc $I \subseteq J$ et il existe $k \in \mathbb{N}^\star$ tel que : $\forall n \geq\ k, J^{k+n} = J^k I^n$. Soit $n = k + m$ avec $m \geq 0$. Pour tout $m \geq 0$, $J^{k+k+m} = J^k I^{m+k} = (J^k I^k) I^m = J^{2k} I^m$. En posant $s = 2k$ et $m = 1$, on a : $J^{s+1} = J^s I$ avec $I \subseteq J$. Ce qui signifie que I est une réduction de J.

Réciproquement si I est une réduction de J, alors $I \subseteq J$ et il existe $s \in \mathbb{N}^\star$ tel que $J^{s+1} = J^s I$. Donc $J^{s+2} = J^{s+1} J = (J^s I) J = J^{s+1} I = (J^s I) I = J^s I^2$, et par récurrence on prouve que $J^{s+n} = J^s I^n$ pour tout $n \geq 1$. En posant $k = s$, et $\forall n \geq k, J^{k+n} = J^k I^n$ puisque $f_I \leq f_J$ car $I \subseteq J$. D'où f_I est donc une β-réduction de f_J.

Nous énonçons le résultat suivant [8, 4.6 Theorem page 2411] dû à Dichi-Sangaré-Soumaré, important pour la suite :

Théorème 2.1.3. *Soient A un anneau nœthérien, f une filtration fortement nœthérienne et g une filtration nœthérienne de A, alors les assertions suivantes sont équivalentes :*

(i) *f est une β-réduction de g.*

(ii) *$J_n^2 = I_n J_n$, $\forall n \geq 0$.*

(iii) *I_n est une réduction de J_n pour n assez grand.*

(iv) *Il existe $s \in \mathbb{N}^\star$ tel que $\forall n \geq s$ on a $J_{s+n} = J_s J_n$, $I_{s+n} = I_s I_n$, $J_s^2 = I_s J_s$, $J_{s+p} I_s = I_{s+p} J_s$ pour $p = 1, 2, ..., s - 1$.*

(v) *Il existe $k \in \mathbb{N}^\star$ tel que $g^{(k)}$ soit I_k-bonne.*

(vi) *il existe $r \in \mathbb{N}^\star$ tel que $f^{(r)}$ soit une β-réduction de $g^{(r)}$.*

(vii) *Pour tout $m \in \mathbb{N}^\star$, $f^{(m)}$ soit une β-réduction de $g^{(m)}$.*

(viii) *g est entière sur f.*

(ix) *g est fortement entière sur f.*

(x) *g est f-fine.*

(xi) *g est f-bonne.*

(xii) *g est faiblement f-bonne.*

(xiii) *Il existe $N \in \mathbb{N}^\star$ tel que $t_N g \leq f \leq g$.*

(xiv) *Il existe $N \in \mathbb{N}^\star$ tel que $t_N g' = t_N f'$ où f' est la clôture intégrale de f.*

(xv) *$P(f) = P(g)$.*

Proposition 2.1.4. *Soient $f = (I_n)_{n \in \mathbb{Z}}$ une filtration fortement nœthérienne et $g = (J_n)_{n \in \mathbb{Z}}$ une filtration nœthérienne sur un anneau nœthérien A, alors f est une β-réduction de g si et seulement si f est une α-réduction de g.*

Démonstration. Supposons que $f = (I_n)_{n \in \mathbb{Z}}$ soit une filtration fortement nœthérienne telle que f est une β-réduction de g, montrons que f est une α-réduction de g c'est-à-dire $\exists d \in \mathbb{N}^\star$, $\forall n \geq 1$, $J_n = \sum_{p=0}^{d} I_{n-p} J_p$. Comme f étant une β-réduction g alors $f \leq g$ et $\exists k \in \mathbb{N}^\star$, $\forall n \geq k$, $J_{k+n} = J_k I_n$, alors :

$$\forall n \geq 2k, J_n = J_{k+(n-k)} = I_{n-k} J_k \subseteq \sum_{p=0}^{2k} I_{n-p} J_p \subseteq \sum_{p=0}^{2k} J_{n-p} J_p \subseteq \sum_{p=0}^{2k} J_n = J_n.$$

Alors $\forall n \geq 2k, J_n = \sum_{p=0}^{2k} I_{n-p} J_p$. Pour $1 \leq n < 2k, J_n = I_{n-n} J_n \subseteq \sum_{p=0}^{2k} I_{n-p} J_p \subseteq J_n$.

D'où $\forall n \geq 1, J_n = \sum_{p=0}^{2k} I_{n-p} J_p$ c'est-à-dire f est une α-réduction de g. Réciproquement, supposons que f est une α-réduction de g et montrons f est une β-réduction de g. Puisque f est fortement nœthérienne, d'après Théorème 2.1.3 (xii), il faut et il suffit de montrer que g est faiblement f-bonne c'est-à-dire : $\exists d \in \mathbb{N}^\star, \forall n \geq d, J_n = \sum_{p=0}^{d} I_{n-p}J_p$. f étant une α-réduction de g alors $\exists d \in \mathbb{N}^\star, \forall n \geq 1, J_n = \sum_{p=0}^{d} I_{n-p}J_p$. D'où le résultat. D'où si f est fortement nœthérienne f β-réduction de g $\Leftrightarrow$ f α-réduction de g. $\qquad \square$

Théorème 2.1.5. *Soit A un anneau nœthérien, la filtration fortement nœthérienne f est une β-réduction de la filtration g nœthérienne si et seulement si $\Re(A,g)$ est une $\Re(A,f)$-algèbre finie.*

Démonstration. On suppose que la filtration fortement nœthérienne f est une β-réduction de la filtration g nœthérienne, d'après la Proposition 2.1.4 f est une α-réduction de g, alors il existe $d \in \mathbb{N}^\star$ tel que : $J_n = \sum_{p=0}^{d} I_{n-p}J_p \forall n \geq 1$, on a : $\Re(A,g) = \bigoplus_{n\in\mathbb{Z}} J_n X^n$ et $I_p X^p \subseteq \Re(A,g)$. D'où $\Re(A,g)$ est la $\Re(A,f)$-algèbre finie engendrée par les ensembles $(J_p X^p)_{1 \leq p \leq d}$.

Réciproquement si $\Re(A,g)$ est la $\Re(A,f)$-algèbre finie engendrée par les ensembles $(J_p X^p)_{1 \leq p \leq d}$, alors un élément de $\Re(A,g)$ homogène de degré n s'écrit : $z_n = \sum_{p=1}^{d} z_{n-p}\theta_p$, où $z_{n-p} \in \Re(A,f)$ de degré $(n-p)$ et $\theta_p \in \Re(A,g)$ et de degré p. Alors : $z_{n-p} \in I_{n-p}X^{n-p}$ et $\theta_p \in J_p X^p$, donc $z_n \in \sum_{p=0}^{d} I_{n-p}X^{n-p}J_p X^p$, c'est-à-dire : $z_n \in \sum_{p=0}^{d} I_{n-p}J_p X^n$, donc $J_n X^n \subseteq \sum_{p=0}^{d} I_{n-p}J_p X^n$. Et par suite $J_n \subseteq \sum_{p=0}^{d} I_{n-p}J_p \subseteq J_n$ car $f \leq g$. D'où $J_n = \sum_{p=0}^{d} I_{n-p}J_p \forall n \geq 1$, et f est α-réduction de g , donc f est une β-réduction de g d'après la Proposition 2.1.4. $\qquad \square$

Corollaire 2.1.6. *Soient A un anneau nœthérien, f et g deux filtrations de A respectivement fortement nœthérienne et nœthérienne. Si f est une β-réduction de g alors :*

(i) $f \leq g \leq P(f)$.

(ii) *il existe $d \in \mathbb{N}^\star$ tel que $t_d g \leq f \leq g$.*

Démonstration.   (i) On montre que $\Re(A, P(f)) = \Re'(A,f) \cap A[u,X]$, en effet : $a_n X^n \in \Re(A, P(f)) \Leftrightarrow a_n \in P_n(f) \Leftrightarrow a_n X^n$ élément de $A[X,u]$ entier sur $\Re(A,f) \Leftrightarrow a_n X^n \in \Re'(A,f) \cap A[X,u]$. D'où $\Re(A, P(f)) = \Re'(A,f) \cap A[u,X]$. Si f est une β-réduction de g alors $\Re(A,g)$ est une $\Re(A,f)$-algèbre finie donc entière sur $\Re(A,f)$, ce qui implique $\Re(A,g) \subseteq \Re'(A,f) \cap A[X,u] = \Re(A, P(f))$ et comme on a $\Re(A,f) \subseteq \Re(A,g) \subseteq \Re(A, P(f))$. Alors : $\forall n \in \mathbb{Z}, u^n \Re(A,f) \cap A \subseteq u^n \Re(A,g) \cap A \subseteq u^n \Re(A, P(f)) \cap A$. D'où : $f \leq g \leq P(f)$, et on a le résultat.

(ii) Si f est une β-réduction de g, d'après la Proposition 2.1.4, f est une α-réduction de g alors il existe $d \in \mathbb{N}^\star$ tel que : $J_n = \sum_{p=0}^{d} I_{n-p}J_p, \forall n \geq 1 \Rightarrow J_n \subseteq I_{n-d} \sum_{p=0}^{d} I_p \subseteq$

$I_{n-d} \Rightarrow J_{n+d} \subseteq I_n \subseteq J_n, \forall n \in \mathbb{N} \Rightarrow t_d g \leq f \leq g$ où $t_d g = (K_n)_{n \in \mathbb{Z}}$ avec $K_0 = A$ et $K_n = J_{n+d}$, d'où le résultat. $\qquad \square$

Proposition 2.1.7. *On suppose que l'anneau A est nœthérien, soient f une filtration fortement nœthérienne, g une filtration nœthérienne. On pose : $F_{nœth}$ = ensemble des filtrations nœthériennes sur A. $F_{fortnœth}$ = ensemble des filtrations fortement nœthériennes sur A. $(Red_\beta)^{-1}(f) = \{h \in F_{nœth}(A)/f \text{ est une } \beta\text{-réduction de } h\}$.*
$(Red_\beta)(g) = \{h \in F_{fortnœth}(A)/h \text{ est une } \beta\text{-réduction de } g\}$. Alors :

(i) il existe une bijection entre l'ensemble $(Red_\beta)^{-1}(f)$ et les sous-anneaux gradués, S de $A[X, u]$ qui sont une extension entière de type fini de $\Re(A, f)$ où $u = \dfrac{1}{X}$.

(ii) il existe une bijection entre $Red_\beta(g)$ et l'ensemble des sous-anneaux gradués S' de $\Re(A, g)$ tels que : $A[u] \subseteq S' \subseteq \Re(A, g)$ et $\Re(A, g)$ est un S'-module de type fini.

Démonstration. (i) On pose G l'ensemble des sous-anneaux gradués de $A[X, u]$ et on définit l'application $\varphi : (Red_\beta)^{-1}(f) \to G, h \mapsto \Re(A, h)$. φ est bien définie car $\Re(A, h)$ est un sous-anneau gradué de $A[X, u]$ et $\Re(A, h)$ est une extension entière de type fini de $\Re(A, f)$. Montrons que φ est injective : $\forall (h, k) \in (F_{noeth}(A))^2$, $\varphi(h) = \varphi(k) \Rightarrow \Re(A, h) = \Re(A, k) \Rightarrow u^n \Re(A, h) = u^n \Re(A, k) \Rightarrow u^n \Re(A, h) \cap A = u^n \Re(A, k) \cap A \Rightarrow H_n = K_n, \forall n \in \mathbb{Z} \Rightarrow h = k$ où $h = (H_n)_{n \in \mathbb{Z}}$ et $k = (K_n)_{n \in \mathbb{Z}}$, et φ est injective. φ est une bijection de $(Red_\beta)^{-1}(f)$ sur $\varphi((Red_\beta)^{-1}(f))$, en effet il suffit de montrer que tout sous-anneau gradué de $A[X, u]$ qui est une extension entière de type fini de $\Re(A, f)$ est un élément de $\varphi((Red_\beta)^{-1}(f))$. Pour ce faire, notons S un tel sous-anneau de $A[X, u]$ et montrons que $S \in \varphi((Red_\beta)^{-1}(f))$. On a : $\Re(A, f) \subseteq S \subseteq A[X, u]$ donc $u \in S \Rightarrow h_s = (U^n S)_{n \in \mathbb{Z}}$ est une filtration de S, d'où $h = (u^n \cap S)_{n \in \mathbb{Z}}$ est une filtration de A telle que : $\Re(A, h) = \bigoplus_{n \in \mathbb{Z}} (u^n S \cap A) X^n = \bigoplus_{n \in \mathbb{Z}} S \cap (AX^n) = S$, donc $S \in \varphi((Red_\beta)^{-1}(f))$.

(ii) Réciproquement on pose G' l'ensemble des sous-anneaux gradués de $\Re(A, g)$ alors l'application ψ est définie par : $Red_\beta(g) \to G', h \mapsto \Re(A, h)$ est injective, en effet si : $\psi(h) = \psi(k) \Leftrightarrow \psi(k) \Leftrightarrow \Re(A, h) = \Re(A, k) \Rightarrow u^n \Re(A, h) \cap A = u^n \Re(A, k) \cap A \Rightarrow H_n = K_n, \forall n \in \mathbb{Z} \Rightarrow h = k$ où $h = (H_n)_{n \in \mathbb{Z}}$ et $k = (K_n)_{n \in \mathbb{Z}}$. Donc ψ est injective. Par suite ψ est une bijection de $Red_\beta(g)$ sur $\psi(Red_\beta(g))$. Pour ce faire, notons S' un tel sous-anneau et montrons que $S' \in \psi(Red_\beta(g))$. En effet, $H_n = (u^n S' \cap A) \subseteq (u^n \Re(A, g) \cap A) = J_n$. D'après (i), $h = (H_n)_{n \in \mathbb{Z}}$ est une filtration de A telle que : $\bigoplus_{n \in \mathbb{Z}} (u^n S' \cap A) X^n = \bigoplus_{n \in \mathbb{Z}} S' \cap (AX^n) = S'$; d'où $S' \in \psi(Red_\beta(g))$ et on a le résultat. $\qquad \square$

Corollaire 2.1.8. *Soient f, g deux filtrations fortement nœthériennes et h, k deux filtrations nœthériennes sur A. Les assertions suivantes sont vraies :*

(i) *Si f est une β-réduction de h et g est une β-réduction de k alors fg est une β-réduction de hk.*

(ii) *Si g est une β-réduction de h et si h est une β-réduction de k alors g est une β-réduction de k.*

(iii) *Si g est une β-réduction de k alors toute filtration h fortement nœthérienne de A telle que $g \leq h \leq k$ est une β-réduction de k et g est une β-réduction de h.*

Démonstration.   (i) Soit f est une β-réduction de h alors $I_n \subseteq H_n, \forall n \in \mathbb{Z}$ et il existe $k \in \mathbb{N}^\star$ tel que $H_{k+n} = H_k I_n, \forall n \geq k$. Soit g est une β-réduction de k alors $J_n \subseteq K_n, \forall n \in \mathbb{Z}$ et il existe $l \in \mathbb{N}^\star$ tel que $K_{l+n} = K_l I_n, \forall n \geq l$. $\forall n \geq \sup(k,l), H_{kl+n}K_{kl+n} = (H_{kl}I_n)(K_{kl}J_n) = (H_{kl}K_{kl})(I_n J_n)$, par ailleurs $I_n J_n \subseteq H_n K_n, \forall n \in \mathbb{Z}$, donc en posant $p = kl$, on a : $H_{p+n}K_{p+n} = (H_p K_p)(I_n J_n), \forall n \geq p$, donc fg est une β-réduction de hk.

(ii) Supposons que g est une β-réduction de h, d'après la Proposition 2.1.4, g est aussi une α-réduction de h, donc $\Re(A,h)$ est aussi une $\Re(A,g)$-algèbre finie ; de même en supposant que h est une β-réduction de k alors h est aussi une α-réduction de k, donc $\Re(A,k)$ est une $\Re(A,h)$-algèbre finie. Donc $\Re(A,k)$ est une $\Re(A,g)$-algèbre finie, par suite g est une α-réduction de k, d'après la Proposition 2.1.4, g est aussi une β-réduction de k.

(iii) Si g est une β-réduction de k, d'après la Proposition 2.1.4, g est aussi une α-réduction de k , alors $\Re(A,k)$ est une $\Re(A,g)$-algèbre finie, comme h est une filtration telle que $g \leq h \leq k$ alors $\Re(A,h)$ est aussi intermédiaire entre $\Re(A,g)$ et $\Re(A,k)$, par suite $\Re(A,k)$ est une $\Re(A,g)$-algèbre finie, alors il existe $(\theta_1, \theta_2, ..., \theta_r)$ un système générateur minimal de $\Re(A,k)$ où θ_s est homogène de degré d_s dans $\Re(A,k)$ tel que : $\Re(A,k) = \Re(A,g)[(\theta_1, ..., \theta_r)] \subseteq \Re(A,h)[(\theta_1, ..., \theta_r)]$. Donc $\Re(A,k)$ est une $\Re(A,h)$-algèbre finie. De plus $\Re(A,k)$ est entier sur $\Re(A,g) \subseteq \Re(A,h)$. Par conséquent $\Re(A,k)$ est entier sur $\Re(A,h)$, il s'ensuit que h est une α-réduction de k ; selon la Proposition 2.1.4 c'est aussi une β-réduction de k. Puisque g est fortement nœthérienne, alors elle est nœthérienne, par suite $\Re(A,g)$ est nœthérienne et comme $\Re(A,k)$ est une $\Re(A,f)$-algèbre finie, donc $\Re(A,k)$ est un module nœthérienne. De plus $\Re(A,h) \subseteq \Re(A,k)$, alors $\Re(A,h)$ est une $\Re(A,g)$-algèbre finie, d'où g est une α-réduction de h, et en vertu de la Proposition 2.1.4, g est une β-réduction de h. $\square$

Corollaire 2.1.9. *Soient f une filtration fortement nœthérienne de A et g une filtration nœthérienne de A. Les assertions suivantes sont vraies :*

(i) *Si f est une β-réduction de g alors $f^{(n)}$ est une β-réduction de $g^{(n)}$ pour tout $n \geq 1$.*

(ii) *Si de plus A est un anneau local nœthérien et s'il existe $k \in \mathbb{N}^\star$ tel que $f^{(k)}$ est une β-réduction de $g^{(k)}$ alors $f^{(n)}$ est une β-réduction de $g^{(n)}$ pour tout $n \geq 1$.*

Démonstration. (*i*) Soit f une β-réduction de g, et en vertu de la Proposition 2.1.4, f est une α-réduction de g. On pose : $R_n = A[u^n, I_n X^n, I_{2n} X^{2n}, ..., I_{kn} X^{kn}, ...$ et $S_n = A[u^n, J_n X^n, J_{2n} X^{2n}, ..., J_{kn} X^{kn}, ...$ Et soit φ_n, l'application A-linéaire définie par : $\Re(A, f^{(n)}) \to R_n$, $a_k n X^k \mapsto a_{nk} X^{nk}$. Alors φ_n est surjective par construction. Montrons que φ_n est injective, pour ce faire déterminons $Ker(\varphi_n)$. Soit $Z \in Ker(\varphi_n)$, avec $Z = \sum_{k \in \mathbb{Z}} a_{kn} X^k$, alors $\varphi_n(Z) = \sum_{k \in \mathbb{Z}} a_{kn} X^{kn} = 0$, donc $a_{kn} = 0, \forall k \in \mathbb{Z}$, d'où $Ker(\varphi_n) = (0)$; donc φ_n est un isomorphisme d'anneaux. $R_n \simeq \Re(A, f^{(n)})$, on sait que S_1 est une R_1-algèbre finie, il est clair que R_1 est une R_n-algèbre finie, de plus on a : $(I_k X^k)^n = I_k^n X^{kn} \subseteq I_{kn} X^{kn} \subseteq R_n$. Donc R_1 est entier sur R_n. Puisque R_1 est une R_n-algèbre de type fini ce qui équivaut à $f^{(n)}$ est une α-réduction de f, d'après la Proposition 2.1.4 c'est aussi une β-réduction de f. Et on a : $f^{(n)} \leq f \leq g$, donc par transitivité $f^{(n)}$ est aussi une β-réduction de g. On a finalement $f^{(n)} \leq g^{(n)} \leq g$; comme f est fortement nœthérienne, elle est à fortiorie nœthérienne. Ainsi $f^{(n)}$ fortement nœthérienne car f l'est, il découle du Corollaire 2.1.8-(*iii*), $f^{(n)}$ est une β-réduction de g (car $f^{(n)}$ est une α-réduction de g), donc $g^{(n)}$ est une β-réduction de g et $f^{(n)}$ est une β-réduction de $g^{(n)}$.

(*ii*) Il suffit de montrer que f est une β-réduction de g. On sait que $f^{(k)}$ est une β-réduction de f, de même que $g^{(k)}$ est β-réduction de g. On a donc $f^{(k)} \leq g^{(k)} \leq g \Rightarrow f^{(k)}$ est une β-réduction de g. Comme $f^{(k)} \leq f \leq g$ alors f est une β-réduction de g d'après le Corollaire 2.1.8-(*iii*). Si f est une β-réduction de g alors $\forall n \geq 1, f^{(n)}$ est une β-réduction de g^n.

$\square$

Proposition 2.1.10. *Soient A un anneau nœthérien, f une filtration fortement nœthérienne de A et g une filtration nœthérienne de A, si f est une β-réduction de g alors $\Re(A, f)$ et $\Re(A, g)$ ont la même fermeture intégrale dans $A[X, u]$.*

Démonstration. Si f est une β-réduction de g, alors on a $f \leq g \leq P(f)$ et comme $P : F(A) \to F(A), f \mapsto P(f)$ est une application croissante et involutive, alors on a : $P(f) \leq P(g) \leq P(P(f)) = P(f)$, d'où $P(f) = P(g) \Leftrightarrow \Re(A, P(f)) = \Re(A, P(g)) \Rightarrow \Re'(A, f) \cap A[X, u] = \Re'(A, g) \cap A[X, u]$, où $\Re'(A, g)$ est la fermeture intégrale de $\Re(A, g)$ et on a le résultat. $\square$

Corollaire 2.1.11. *Soient A un anneau nœthérien et f, g deux filtrations fortement nœthériennes de A. f et g sont des β-réductions de $f + g$ si et seulement si $\Re(A, f)$ et $\Re(A, g)$ ont la même fermeture intégrale dans $A[X, u]$.*

Démonstration. Si f et g sont des β-réductions de $f+g$ alors $\Re(A, f)$, $\Re(A, g)$ et $\Re(A, f+g)$ ont la même fermeture intégrale dans $A[X, u]$ d'après la Proposition 2.1.10.

Réciproquement supposons que $\Re(A, f)$, $\Re(A, g)$ et $\Re(A, f+g)$ ont la même fermeture intégrale dans $A[X, u]$, et montrons alors que f et g sont des β-réductions de $f + g$;

comme $f + g$ est nœthérienne et $\Re(A, f + g)$ est une A-algèbre de type fini tel qu'on ait $A \subseteq \Re(A, f) \subseteq \Re(A, f+g)$ alors $\Re(A, f+g)$ est une $\Re(A, f)$-algèbre finie. Par conséquent f est une β-réduction de $f + g$. Il en est de même pour g. □

Théorème 2.1.12. *Soient f, g deux filtrations respectivement fortement nœthériennes et nœthérienne d'un anneau nœthérien, alors :*

(i) *Les filtrations que f β-réduit sont les filtrations nœthériennes g telles que :*
$f \leq g \leq P(f)$.

(ii) *Les filtrations qui sont des β-réductions de f sont les filtrations fortement nœthériennes h telles que $h \leq f$ et $P(h) = P(f)$.*

Démonstration. (i) voir le Corollaire 2.1.6-(i).

(ii) On a $h \leq f \leq P(h)$ (d'après Corollaire 2.1.6 (i)), on applique P à la double inclusion, et on obtient : $P(h) \leq P(f) \leq P(P(h))$, d'où le résultat.

□

Théorème 2.1.13. *Soient f et g deux filtrations respectivement fortement nœthériennes et nœthériennes d'un anneau nœthérien A, alors les assertions suivantes sont équivalentes :*

(i) *f est une β-réduction de g.*

(ii) *$f \leq g$ et il existe $d \in \mathbb{N}^\star$ tel que $\forall n \geq d, J_n \subseteq I_{n-d}$.*

(iii) *$f \leq g$ et il existe $d \in \mathbb{N}^\star$ tel que $\forall n \geq d, J_n = \sum\limits_{p=0}^{d} I_{n-p} J_p$.*

(iv) *$f \leq g$ et il existe $r \in \mathbb{N}^\star$ tel que $\forall n \geq 0, J_{n+r} = I_r J_n$.*

(v) *g est f-bonne.*

Démonstration. Montrons que $(i) \Rightarrow (iv)$.

f étant β-réduction de g, selon la Proposition 2.1.4 f est aussi une α-réduction de g, alors $f \leq g$ il existe $r \in \mathbb{N}^\star, \forall n \geq 1, J_n = \sum\limits_{p=0}^{d} I_{n-p} J_p$, comme f est fortement nœthérienne, elle est en particulier nœthérienne, alors il existe $r \in \mathbb{N}^\star$ tel que : $I_{n+r} = I_r I_n, \forall n \geq 1$, ainsi $\forall n \geq d + r$. On a : $J_{n+r} = \sum\limits_{p=0}^{d} I_{n+r-p} J_p = \sum\limits_{p=0}^{d} I_{n-p+r} J_p = \sum\limits_{p=0}^{d} I_r I_{n-p} J_p = I_r \sum\limits_{p=0}^{d} I_{n-p} J_p = I_r J_n$. Donc $\forall n \geq 1, J_{n+r} = I_r J_n$, d'où le résultat.

Montrons que $(iv) \Rightarrow (iii)$.

D'après (iv) il existe $r \in \mathbb{N}^\star$, il existe $n_0 \in \mathbb{N}$ tel que $\forall n \geq n_0, J_{n+r} = I_r J_n$. Soit $d = n_0 + r - 1$ alors $\forall n \geq r - 1$, il existe $(q, r_1) \in \mathbb{N}^2$ tel que : $n = qr + r_1$ avec $0 \leq r_1 < r$. Alors $n + n_0 = qr + r_1 + n_0 = qr + r_2 \geq d$, avec :
$$\begin{cases} n_0 \leq r_1 + n_0 < r + n_0 \\ n_0 \leq r_1 + n_0 < d + 1 \\ n_0 \leq r_1 + n_0 \leq d \end{cases}$$

Et on pose $m = n + n_0 \geq d$. $J_m = J_{qr+r_1+n_0} = J_{qr+r_2}$ avec $r_2 = r_1 + n_0$; $J_m = I_r^q J_{r_2} = I_{m-r_2} J_{r_2} \subseteq \sum_{i=0}^{d} I_{m-i} J_i \subseteq \sum_{i=0}^{d} J_{m-i} J_i \subseteq J_m$. D'où $J_m = \sum_{i=0}^{d} J_{m-i} J_i, \forall m \geq d$. Et on a le résultat.

Montrons que $(iii) \Rightarrow (ii)$.

D'après (iii) il existe $d \in \mathbb{N}^*$ tel que $J_n = \sum_{i=0}^{d} I_{n-i} J_i, \forall n \geq 1$ $J_n = \sum_{i=0}^{d} I_{n-i} J_i \subseteq \sum_{i=0}^{d} I_{n-d} J_i \subseteq I_{n-d} \sum_{i=0}^{d} J_i \subseteq I_{n-d}$. D'où $J_n \subseteq I_{n-d}, \forall n \geq d$ et on a le résultat cherché.

Montrons que $(ii) \Rightarrow (i)$.

On sait que $\forall n \geq d, J_n \subseteq I_{n-d}$, alors on a $J_n X^{n-d} \subseteq I_{n-d} X^{n-d} \subseteq \Re(A, f)$. Donc $\forall n \geq d, u^n \Re(A, g) \subseteq \Re(A, f)$. Comme $u \in \Re(A, f)$ alors $\Re(A, g)$ est une $\Re(A, f)$-algèbre finie engendrée par $(J_p X^p)_{1 \leq p \leq d}$ et comme les J_p sont de type fini car A noethérien alors $\Re(A, g)$ est un $\Re(A, f)$-module de type fini d'où f est une β-réduction de g.

Montrons que $(i) \Rightarrow (v)$.

f étant une β-réduction de g, d'après la Proposition 2.1.4 c'est aussi une α-réduction de g, alors $f \leq g$ et il existe $d \in \mathbb{N}^*$ tel que : $J_n = \sum_{p=0}^{d} I_{n-p} J_p, \forall n \geq 1$, comme f est noethéri-enne et A noethérien alors f est EP, d'où il existe $N \in \mathbb{N}^*$ tel que $I_n = \sum_{j=1}^{N} I_{n-j} I_j, \forall n \geq 1$;

$I_{n-p} = \sum_{j=1}^{N} I_{n-p-j} I_j, \forall n \geq 1$, $J_n = \sum_{p=0}^{d} I_{n-p} J_p = \sum_{p=0}^{d} (\sum_{j=1}^{N} I_{n-p-j} I_j) J_p, \forall n \geq d+1$. $J_n = \sum_{j=1}^{N} I_j (\sum_{p=0}^{d} I_{n-p-j} J_p = \sum_{j=1}^{N} I_j J_{n-j}. \forall n \geq d+1)$. Donc $J_n = \sum_{j=1}^{N} I_j J_{n-j}, \forall n \geq d+1$. En posant $N = d+1$, g est donc f-fine or on a montré dans [21] que f-fine $\Rightarrow$ f-bonne, d'où le résultat. $\square$

Exemple 2.1.2. Soient A un anneau noethérien et g une filtration fortement noethérienne, $d \in \mathbb{N}^*$ fixé, alors on pose $D_0 = \{1; 2; 3, ...; d\}$, $D_1 = \{d+1; d+2; d+3, ...; 2d\}$, $D_i = \{id+1; id+2; id+3, ...; (i+1)d\}$; alors les D_i forment une partition de $\mathbb{N}^*$ et $\forall n \in \mathbb{N}^*$ il existe $i \in N$ tel que $\forall n \in D_i$ alors on pose $I_n = A, \forall n \leq 0$ et $\forall n \in D_i = J_{(1+i)d}$. Alors montrons que $f = (I_n)_{n \in \mathbb{Z}}$ est une filtration. En effet :

(i) $I_0 = A$ par construction ;

(ii) $\forall n \in D_i$ on a $I_n = J_{(i+1)d}$, alors $n+1 \in D_i$ ou $n+1 \in D_{i+1}$, par suite $I_{n+1} = J_{(i+1)}$ si $n+1 \in D_i$ et $I_{n+1} = J_{(i+2)}$ si $n+1 \in D_{i+1}$, donc $I_{n+1} \subseteq J_{i+1} = I_n, \forall n$.

(iii) $\forall m. n \in \mathbb{N}$, il existe $i, j \in \mathbb{N}$ tels que $m \in D_i$ et $n \in D_j$ avec $i = j$ ou $i < j$ ou $j < i$. Donc :

$$I_m I_n = J_{(i+1)d} J_{(j+1)d} \subseteq J_{(i+j+2)d}. \tag{2.3}$$

$$\begin{cases} m \in D_i & \Leftrightarrow \quad id < m \le (i+1)d \\ n \in D_j & \Leftrightarrow \quad jd < n \le (j+1)d \end{cases} \Rightarrow \quad (i+j)d < m+n \le (i+j+2)d, \text{ donc}$$

$(i+j)d < m+n \le (i+j+1)d$ et $(i+j+1)d < m+n \le (i+j+2)d$, d'autre part :

$$I_{m+n} = \begin{cases} J_{(i+j+1)d} & \text{si}(i+j)d < m+n \le (i+j+1)d \\ J_{(i+j+2)d} & \text{si}(i+j+1)d < m+n \le (i+j+2)d \end{cases}. \text{ D'où :}$$

$$J_{i+j+2} \subseteq I_{m+n}. \tag{2.4}$$

Les relations (2.3) et (2.4) impliquent $\forall n, m \in \mathbb{N}$, $I_m I_n \subseteq I_{m+n}$ et f est une filtration de A. On montre que f est une β-réduction de g. $\forall n \in D_i$, on a $I_n = J_{(i+1)d}$. Alors $\forall n \ge d$, on a $id + 1 \le n \le (i+1)d \Rightarrow (1-i)d + 1 \le n - d \le id$. Donc : $\forall n \ge d, J_n = J_{id} = I_{n-d}$. Par conséquent f est β-réduction de g d'après le Théorème 2.1.13-(ii).

Remarque 2.1.2. Au niveau des idéaux, si I est un idéal régulier de A et est une réduction de J alors il existe un idéal régulier K tel que $KJ = KI$. Ce résultat n'est pas valable lorsqu'on passe à la notion de réduction de filtrations fortement nœthériennes sur un anneau nœthérien A. En effet si f est une β-réduction de g, alors pour toute filtration fortement nœthérienne h, fh est une β-réduction de gh mais il n'existe pas de filtration régulière k telle que $fk = gk$.

Proposition 2.1.14. *Soient f et g fortement nœthériennes. Si f est une β-réduction de g alors pour toute filtration fortement nœthérienne h on a, fh est une β-réduction de gh et $P(fh) = P(gh)$.*

Démonstration. f est une β-réduction de g alors il existe $r_1 \in \mathbb{N}^\star$ tel que $\forall n \ge 0, J_{n+r_1} = I_{r_1} J_n$, h est nœthérienne car fortement nœthérienne, alors il existe $r_2 \in \mathbb{N}^\star$ tel que : $\forall n \ge 0, H_{n+r_2} = H_{r_2} H_n$. En posant $r = r_1 r_2$ alors on a : $\forall n \ge 0, J_{n+r} = I_r J_n$ et $\forall n \ge 0, H_{n+r} = H_r H_n$. D'où : $\forall n \ge 0, J_{n+r} H_{n+r} = (I_r H_r)(J_n H_n)$; ce qui prouve que fh est une β-réduction de gh d'après le Théorème 2.1.13. et on a $P(fh) = P(gh)$. $\qquad \square$

2.2 Réduction minimale.

Définitions 2.2.1. *Soit f une filtration fortement nœthérienne de A , alors :*

(i) *On dit que f est une β-réduction minimale de g si f est une β-réduction de g et il n'existe pas de β-réduction h de g strictement plus petite que h c'està-dire $h < f$.*

(ii) *On dit que f est une β-réduction basique si elle n'admet pas de réduction propre.*

Proposition 2.2.1. *Soit $g = (J_n)_{n \in \mathbb{Z}}$ une filtration nœthérienne sur un anneau local telle que $\forall n \geq 0, J_n \neq 0$ alors g n'admet pas de β-réduction minimale.*

Démonstration. Soit $g = (J_n)_{n \in \mathbb{Z}}$ tel que $\forall n \geq 0, J_n \neq 0$, soient $d_1, d_2, ..., d_i \in \mathbb{N}^\star$ tels que $\forall n \in \mathbb{N}^\star, d_i < d_{i+1} \leq 2d_i$; on pose $f_0 = f, \forall j \in \mathbb{N}^\star, D_j^i = \{jd_i + 1, ..., (j+1)d_i\}$. Alors $\forall i$ fixé, les D_j^i forment une partition de $\mathbb{N}^\star$. Soit $f_i = (I_n^i)_{n \in \mathbb{Z}}$ où I_n^i est défini comme suit : on pose $I_n^i = A$ si $n \leq 0$ et $\forall n \in D_j^i, I_n^i = I_{(j+1)d_i}^{i-1}$, alors f_i est une filtration de A, f_i est une β-réduction de f_{i-1} d'après Exemples 2.1.1. Ainsi f_i est une suite décroissante de β-réduction de g qui est non stationnaire donc g n'admet de β-réduction minimale. En effet si la suite est stationnaire alors il existe $i \in \mathbb{N}^\star$ tel que $f_i = f_{i+1}$. Par conséquent :

$$\forall n \in \mathbb{Z}, I_n^i = I_n^{i+1}. \tag{2.5}$$

En particulier $I_{d_i}^i = I_{d_i}^{i+1}$.

On a $I_{d_i}^i = I_{d_i}^{i-1}$, or $I_{d_{i+1}}^i = I_{2d_i}^{i-1}$ car $d_{i+1} \leq 2d_i$, d'où $I_{d_i}^{i+1} = (I_{d_i}^{i-1})^2$ car les filtrations sont nœthériennes. La relation (2.5) devient :

$$I_n^{i-1} = (I_{d_i}^{i-1})^2 = I_{d_i}^{i-1} I_{d_i}^{i-1}, \quad I_{d_i}^{i-1} = I_{d_i}^{i-1} I_{d_i}^{i-1}. \tag{2.6}$$

Comme A est local alors $I_{d_i}^{i-1} \subseteq \mathbf{m}$ où $\mathbf{m}$ est l'idéal maximal de A. Alors (4) devient : $M = I_{d_i}^{i-1} M$ avec $M = I_{d_i}^{i-1}$ est de type fini, il s'ensuit $M = 0$ d'après le lemme de Nakayama, donc $I_{d_i}^{i-1} = 0$, or il existe $k \in \mathbb{N}^\star$ tel que $\forall n \geq k$ on ait $J_n \subseteq I_{d_i}^{i-1} = 0$, par conséquent $\forall n \geq k. J_n = 0 \Rightarrow g$ est nilpotente, ce qui est absurde. D'où le résultat. $\square$

Conséquences.
- Toute filtration nilpotente admet au moins une β-réduction minimale.
- Toute β-réduction minimale est une β-réduction basique.

Définition 2.2.2. *Si la filtration $g = (J_n)_{n \in \mathbb{Z}}$ est une filtration nœthérienne sur un anneau nœthérien A , alors il existe $r \in \mathbb{N}^\star$ tel que $\forall n \geq r. J_{n+r} = J_n J_r$, alors toute β-réduction $f = (I_n)_{n \in \mathbb{Z}}$ de g telle que $\forall n \geq 0, J_{n+r} = I_r J_n$ est appelée une r-réduction de g.*

Théorème 2.2.2. *Si g est une filtration nœthérienne sur un anneau nœthérien local alors g possède une r-réduction minimale.*

Démonstration. g est nœthérienne alors il existe $r \in \mathbb{N}^\star$ tel que $\forall n \geq r, J_{n+r} = J_r J_n$. Soit I une réduction de J_r et on définit la filtration $h = (H_n)_{n \in \mathbb{Z}}$ de la manière suivante : $\forall n \leq 0, H_n = A$. On pose $r = d$ dans Exemples 2.1.1, alors $\forall n \in D_j$ on pose $H_n = I^{j+1}$. De même, on définit la filtration $k = (K_n)_{n \in \mathbb{Z}}$ par $K_n = J_{(j+1)r} = J_r^{j+1}$ alors h est une β-réduction de k et k est une β-réduction de g (d'après les Exemples 2.1.1). D'où h est une β-réduction de g. Montrons que h est une β-réduction de g. I est une réduction de J_r donc il existe $m \in \mathbb{N}^\star$ tel que $\forall n \geq m, J_r^{n+1} = I J_r^n \Leftrightarrow J_{(n+1)r} = I J_{nr}$, or $J_{nr+r} = H_r J_{nr}$ car $\forall n, 1 \leq n \leq r, I = H_n \Leftrightarrow n \in D_0$, d'où $\forall n \geq mr + r$, on a : $I J_n = I J_{mr} J n - mr = J_{mr+r} J_{n-mr} = J_{n+r}$, d'où $\forall n \geq 0, J_{n+r} = H_r J_n$, et h est une r-réduction de g. $\square$

Corollaire 2.2.3. *Toute filtration nœthérienne sur un anneau local nœthérien A, possède une r-réduction minimale.*

Démonstration. Soit $g = (J_n)_{n \in \mathbb{Z}}$ une filtration nœthérienne de A nœthérien alors il existe $r \in \mathbb{N}^\star$ tel que $\forall n \geq r, J_{n+r} = J_r J_n$ pour toute réduction I de J_r en posant $d = r$ dans les Exemples 2.1.1. Alors la filtration $h = (H_n)_{n \in \mathbb{Z}}$ défini par $\forall n \leq 0, H_n = A$, $\forall n \in D_j, H_n = I^{j+1}$, est une r-réduction de g. Montrons que si I est une réduction minimale de J_r alors h est une r-réduction minimale de g. Pour ce faire, on suppose qu'il existe une r-réduction $f = (I_n)_{n \in \mathbb{Z}}$ de g telle que $f \leq h$ alors on a : $\forall n \geq r, J_{n+r} = I_r J_n$, d'où $\forall n \geq r, J_{nr+r} = I_r J_{nr} \Leftrightarrow J_{(n+1)r} = I_r J_{nr} \Leftrightarrow J_r^{n+1} = I_r J_r^n \Leftrightarrow I_r$ est une réduction de J_r, comme I est une réduction minimale de J_r alors on a : $I \subseteq I_r \subseteq H_r = I \Rightarrow I_r = I$. On sait que : $\forall n \in D_j, H_n = I_r^{j+1} \Rightarrow H_n \subseteq I_n, \forall n \in \mathbb{Z}$. D'où $h \leq f$ et $f \leq h$, d'après l'hypothèse. D'où $h = f$ et h est minimale. $\square$

Chapitre 3

3. β-Réduction de filtrations relativement à un module.

3.1 β-réduction et α-réduction de filtrations relativement à un module.

Soient A un anneau commutatif, unitaire et nœthérien, M un A-module.

Définition 3.1.1. *Soient $f = (I_n)_{n \in \mathbb{Z}}$, $g = (J_n)_{n \in \mathbb{Z}}$ deux filtrations sur A. f est une α-réduction de g relativement à M si :*

(i) $f \leq g$.

(ii) $\exists d \in \mathbb{N}^\star, \forall n \geq 1$, $J_n M = (\sum\limits_{p=0}^{d} I_{n-p} J_p) M$.

Définition 3.1.2. *Soient $f = (I_n)_{n \in \mathbb{Z}}$, $g = (J_n)_{n \in \mathbb{Z}}$ deux filtrations sur A. f est une β-réduction de g relativement à M si :*

(i) $f \leq g$.

(ii) $\exists k \in \mathbb{N}^\star$, $\forall n \geq k$, $J_{k+n} M = J_k I_n M$.

Lemme 3.1.1. *Si $f = (I_n)_{n \in \mathbb{Z}}$ et $g = (J_n)_{n \in \mathbb{Z}}$ sont deux filtrations sur un anneau A telles que f soit une β-réduction de g relativement à M, alors il existe $k \in \mathbb{N}^\star$ tel que pour tout $\forall s \geq 1$, on a :*

$$\forall n \geq k, \quad J_{ks+n} M = J_{ks} I_n M. \tag{3.1}$$

Démonstration. Si f est une β-réduction de g relativement à M alors $f \leq g$ et $\exists k \in \mathbb{N}^\star$, $\forall n \geq k, J_{k+n} M = J_k I_n M$. La relation (3.1) est donc vraie pour $s = 1$. Supposons la vraie à l'ordre $s \geq 1$, i.e $J_{ks+n} M = J_{ks} I_n M \forall n \geq k$. On a :

$$J_{k(s+1)+n} M = J_{k+ks+n} M = J_k I_{ks+n} M \subseteq J_k J_{ks+n} M = J_k (J_{ks} I_n) M \subseteq J_{k(s+1)} I_n M.$$

L'inégalité inverse étant vraie car $f \leq g$, on a : $J_{k(s+1)+n} M = J_{k(s+1)} I_n M$ et le Lemme 3.1.1 est démontré. $\qquad\square$

Proposition 3.1.2. *Soient $f = (I_n)_{n \in \mathbb{Z}}$, $g = (J_n)_{n \in \mathbb{Z}}$ deux filtrations sur un anneau A, M un A-module. Les assertions suivantes sont équivalentes :*

(i) $f \leq g, \exists r \in \mathbb{N}^*, \exists n_0 \in \mathbb{N}, \forall n \geq n_0, J_{r+n}M = J_r I_n M$.

(ii) $f \leq g, \exists k \in \mathbb{N}^*, \forall n \geq k, J_{k+n}M = J_k I_n M$.

Démonstration. Supposons (i) et montrons (ii).

Si $r \geq n_0$, alors on pose $k = r$ et (ii) est vérifiée.

Si $r < n_0$, alors on pose $k = n_0 r$, d'après le lemme précédent (ii) est vérifiée. Donc $(i) \Rightarrow (ii)$.

Réciproquement supposons (ii) et montrons (i). Evident, il suffit de poser $r = n_0 = k$; $(ii) \Rightarrow (i)$. D'où $(i) \Leftrightarrow (ii)$. $\qquad\square$

Remarque 3.1.1. Soient I et J deux idéaux de A, f_I est une β-réduction de f_J relativement à M si et seulement si I est une réduction de J relativement à M. En effet si f_I est une β-réduction de f_J relativement à M, alors $f_I \leqq f_J$ donc $I \subseteq J$ et il existe $k \in \mathbb{N}^*$ tel que : $\forall n \geq k, J^{k+n}M = J^k I^n M$. Soit $n = k + m$ avec $m \geq 0$. Pour $m \geq 0$, $J^{k+k+m}M = J^k I^{m+k}M = (J^k I^k)I^m M = J^{2k} I^m M$. En posant $s = 2k$ et $m = 1$, on a $J^{s+1}M = J^s I M$ avec $I \subseteq J$. Ce qui signifie que I est une réduction de J relativement à M. Réciproquement, si I est une réduction de J relativement à M, alors $I \subseteq J$ et il existe $s \in \mathbb{N}^*$ tel que $J^{s+1}M = J^s I M$. Donc $J^{s+2}M = J^s J M = (J^s I)JM = J^s I^2 M$ et par récurrence on prouve que $J^{s+n}M = J^s I^n M$ pour tout $n \geq 1$. En posant $k = s$, et $J^{k+n}M = J^k I^n M$ $n \geq k$. Puisque $f_I \leq f_J$ car $I \subseteq J$, d'où f_I est une β-réduction de f_J relativement à M.

Exemple 3.1.1. Sur un anneau A, soit $g = (J_n)_{n \in \mathbb{Z}}$ une filtration sur A telle que $J_n = (0)$ au dela de $r \geq 2$ c'est-à-dire $g = (A, J_1, J_2, ..., J_r, 0, ..)$ et posons $I_n = J_{r+n-1}$ et $I_0 = A$. On montre aisément que $f = (I_n)_{n \in \mathbb{Z}}$ est une filtration sur A et que f est une β-réduction de g relativement à M.

Définition 3.1.3. *Soient $f = (I_n)_{n \in \mathbb{Z}}$, I un idéal de A, M un A-module. f est une filtration I-bonne relativement à M si :*

$$\forall n \in \mathbb{Z}, \quad II_n M \subseteq I_{n+1}M \text{ et } \exists k \in \mathbb{N}^*, \ \forall n \geq k, II_n M = I_{n+1}M.$$

Proposition 3.1.3. *Soient un anneau A, I un idéal de A, f_I la filtration I-adique, g une filtration sur A et M un A-module. Alors g est I-bonne relativement à M si et seulement si f_I est une β-réduction de g relativement à M.*

Démonstration. Si $g = (J_n)_{n \in \mathbb{Z}}$ et $f_I = (I^n)_{n \in \mathbb{Z}}$. Si $g = (J_n)_{n \in \mathbb{Z}}$ est I-bonne relativement à M, alors

$$\forall n \geq 0, \quad I J_n M \subseteq J_{n+1} M, \tag{3.2}$$

et il existe $k \geq 0$ tel que

$$\forall p \geq k, \quad I J_p M = J_{p+1} M. \tag{3.3}$$

La relation (3.2) implique que $IM \subseteq J_1 M$. Donc $\forall n \geq 0$, $I^n M \subseteq J_1^n M \subseteq J_n M$. Pour $n \geq k$, la relation (3.3) implique :

$$I^n J_k M = I^{n-1}(I J_k) M = I^{n-1} J_{k+1} M = I^{n-2}(I J_{k+1}) M = I^{n-2} J_{k+2} M = ... = J_{k+n} M.$$

On a finalement : $\forall n \geq k, J_{k+n} M = J_k I^n M$. D'où f_I est une β-réduction de g relativement à M. Réciproquement si f_I est une β-réduction de g relativement à M alors $f_I \leq g$ et il existe $\forall n \geq k, J_{k+n} M = J_k I^n M$, la relation $f_I \leq g$ implique $I \subseteq J_1$ et donc $I J_n M \subseteq J_1 J_n M \subseteq J_{n+1} M$. Pour $n \geq 2k$, montrons que $I J_n M = J_{n+1} M$. Posons $n = k+m, m \geq k$. Alors $J_{n+1} M = J_{k+m+1} M = J_k I^{m+1} M = I(J_k I^m) M = I J_{k+m} M = I J_n M$, ce qui signifie que g est I-bonne relativement à M. $\qquad\square$

Définition 3.1.4. *Soient $f = (I_n)_{n \in \mathbb{Z}}$, $g = (J_n)_{n \in \mathbb{Z}}$ deux filtrations sur A, M un A-module. g est f-bonne relativement à M si :*

$$\exists d \in \mathbb{N}^\star \quad , \forall n \geq d, J_n M = \left(\sum_{p=1}^{d} I_{n-p} J_p \right) M.$$

Proposition 3.1.4. *Soient f et g deux filtrations de A, M un A-module. Si f est une β-réduction de g relativement à M alors g est f-bonne relativement à M.*

Démonstration. Soient $f = (I_n)_{n \in \mathbb{Z}}$, $g = (J_n)_{n \in \mathbb{Z}}$ deux filtrations sur A telles que f soit une β-réduction de g relativement à M c'est-à-dire $\exists k \in \mathbb{N}^\star$, $\forall n \geq k, J_{k+n} M = J_k I_n M$. Montrons que g est f-bonne relativement à M c'est-à-dire $\exists d \in \mathbb{N}^\star$, $\forall n \geq d, J_n M = (\sum_{p=1}^{d} I_{n-p} J_p) M$. On pose $d = 2s$, on a $\forall n \geq d$:

$$
\begin{aligned}
\left(\sum_{p=1}^{d} I_{n-p} J_p \right) M &\subseteq \left(\sum_{p=1}^{d} J_{n-p} J_p \right) M \\
&\subseteq \left(\sum_{p=1}^{d} J_n \right) M = J_n M \\
&= J_{k+(n-k)} M = J_k I_{n-k} M \subseteq \left(\sum_{p=1}^{d} I_{n-p} J_p \right) M,
\end{aligned}
$$

d'où $\exists d = 2K \in \mathbb{N}^\star, \forall n \geq d, J_n M = (\sum_{p=1}^{d} I_{n-p} J_p) M$ c'est-à-dire g est f-bonne relativement à M. $\qquad\square$

Lemme 3.1.5 (Mac Adam [10]-Lemme 8-1). *Soient A un anneau nœthérien et I un idéal de A. Si I est un idéal régulier, il existe un entier $N \in \mathbb{N}^\star, \forall n \geq N, [I^{n+1} : I] = I^n$.*

Nous allons utiliser le Lemme 3.1.5 pour construire un exemple illustrant la Proposition 2.3. Posons $J_n = [I^{n+1} : I]$ et $g = (J_n)_{n\in\mathbb{Z}}$, g est une filtration sur A car :

(i) $J_0 = A$.

(ii) $J_{n+1} = [I^{n+2} : I] \subseteq [I^{n+1} : I] = J_n, \forall n \in \mathbb{Z}$.

(iii) $J_n J_m \subseteq J_{n+m}, \forall n, m \in \mathbb{Z}$.

En effet soit $z \in J_n J_m$; il existe des éléments $x_i \in J_n = [I^{n+1} : I]$, des éléments $y_i \in J_m = [I^{m+1} : I]$ et un entier $p \geq 1$ tels que

$$z = \sum_{i=0}^{p} x_i y_i, x_i y_i I = x_i (y_i I) \subseteq x_i I^{m+1} \subseteq (x_i I) I^m \subseteq I^{n+1} I^m \subseteq I^{n+m+1}.$$

Donc $x_i y_i \in [I^{n+m+1} : I] = J_{n+m}$ et $z \in J_{n+m}$.

En vertu du lemme précédent, il existe N tel que : $\forall n \geq N : J_{n+1} M = [I^{n+2} : I] M = I^{n+1} M = I I^n M = I[I^{n+1} : I] M = I J_n M$. Donc g est I-bonne relativement à M. D'autre part : $J_{N+n} M = [I^{N+n+1} : I] M = I^{N+n} M = I^N I^n M = I^n [I^{N+1} : I] M = J_N I^n M$ et $I^n \subseteq [I^{n+1} : I] = J_n, \forall n \geq 0$. D'où $f_I \leq g$ et f_I est une β-réduction de g relativement à M.

Définition 3.1.5. *Soient $f = (I_n)_{n\in\mathbb{Z}}$ une filtration sur un anneau nœthérien A, M un A-module. f est nœthérienne relativement à M si il existe $k \in \mathbb{N}^\star$ tel que $I_{k+n} M = I_k I_n M$, $\forall n \geq k$.*

Remarque 3.1.2. Une conséquence immédiate du Lemme 3.1.1 est que : dans un anneau nœthérien, toute filtration admettant une β-réduction relativement à M est nœthérienne relativement à M. En effet, si $g = (J_n)_{n\in\mathbb{Z}}$ admet $f = (I_n)_{n\in\mathbb{Z}}$ comme une β-réduction relativement à M alors il existe $k \in \mathbb{N}^\star$ tel que : $J_{ks+n} M = J_{ks} I_n M$, $\forall n \geq k, \forall s \geq 1$. En particulier : $J_{k(k+1)+n} M = J_{k(k+1)} I_n M, \forall n \geq k$ et $J_{k(k+1)+n} M = J_{k(k+1)} I_n M$, $\forall n \geq k(k + 1)$. Donc : $J_{k(k+1)+n} M \subseteq J_{k(k+1)} J_n M \subseteq J_{k(k+1)+n} M$. D'où : $J_{k(k+1)+n} M = J_{k(k+1)} J_n M, \forall n \geq k(k + 1)$, et g est une filtration nœthérienne relativement à M.

Proposition 3.1.6. *Si $g = (J_n)_{n\in\mathbb{Z}}$ est f-bonne alors $f = (I_n)_{n\in\mathbb{Z}}$ est une α-réduction de g relativement à M.*

Démonstration. Si $g = (J_n)_{n \in \mathbb{Z}}$ est f-bonne alors $\exists r \in \mathbb{N}^\star$, $\forall n \geq r, J_n = (\sum\limits_{p=1}^{r} I_{n-p}J_p)$; on

a : $(\sum\limits_{p=0}^{r} I_{n-p}J_p)M = (I_n J_0 + \sum\limits_{p=1}^{r} I_{n-p}J_p)M = (I_n + J_n)M = J_n M$ car $f \leq g$. Donc $\exists r \in \mathbb{N}^\star$,

$\forall n \geq r, J_n M = (\sum\limits_{p=0}^{r} I_{n-p}J_p)M$. Pour $1 \leq n < r$, on a :

$$
\begin{aligned}
(\sum\limits_{p=0}^{r} I_{n-p}J_p)M = (\sum\limits_{p=0}^{n} I_{n-p}J_p + \sum\limits_{p=n+1}^{r} I_{n-p}J_p)M &= (\sum\limits_{p=0}^{n-1} I_{n-p}J_p + I_0 J_n + \sum\limits_{p=n+1}^{r} A J_p)M \\
&= (\sum\limits_{p=0}^{n-1} I_{n-p}J_p + J_n + \sum\limits_{p=0}^{n-1} I_{n-p}J_p)M \\
&= J_n M.
\end{aligned}
$$

car $\sum\limits_{p=0}^{n-1} I_{n-p}J_p \subseteq \sum\limits_{p=0}^{n-1} J_{n-p}J_p \subseteq \sum\limits_{p=0}^{n-1} J_n = J_n$ et $\sum\limits_{p=0}^{n-1} J_p \subseteq \sum\limits_{p=0}^{n-1} J_{n+1} = J_{n+1} \subseteq J_n$. D'où

$\exists d = r \in \mathbb{N}^\star$, $\forall n \geq 1, J_n M = (\sum\limits_{p=0}^{d} I_{n-p}J_p)M$. Donc $f = (I_n)_{n \in \mathbb{Z}}$ est une α-réduction de g

relativement à M. $\qquad\square$

Corollaire 3.1.7. *Soient $f = (I_n)_{n \in \mathbb{Z}}$, $g = (J_n)_{n \in \mathbb{Z}}$ deux filtrations sur A telles que f est une β-réduction de g, M un A-module. Alors f est à la fois une β-réduction de g relativement à M et une α-réduction de g relativement à M.*

Démonstration. Il est évident que si f une β-réduction de g alors f une β-réduction de g relativement à M, dans [8] il a été établi que si f une β-réduction de g alors f est une α-réduction de g, par suite f est une α-réduction de g relativement à M. $\qquad\square$

Proposition 3.1.8. *Soient f, g deux filtrations sur A, M un A-module. Les assertions suivantes sont équivalentes :*

   (i) f une β-réduction de g relativement à M.

   (ii) Pour tout entier $s \geq 1$, $f^{(s)}$ une β-réduction de $g^{(s)}$ relativement à M.

Démonstration. $(i) \Rightarrow (ii)$. D'après le Lemme 3.1.1, si $f = (I_n)_{n \in \mathbb{Z}}$ une β-réduction de $g = (J_n)_{n \in \mathbb{Z}}$ relativement à M, il existe $k \in \mathbb{N}^\star$ tel que : $\forall s \geq 1$: $\forall n \geq k, J_{ks+n}M = J_{ks}I_n M$; en particulier $\forall s \geq 1$, on a : $\forall n \geq k, J_{ks+ns}M = J_{ks}I_{ns}M$ de plus $f^{(s)} \leq g^{(s)}$ car $f \leq g$. Donc pour tout entier $s \geq 1$, $f^{(s)}$ une β-réduction de $g^{(s)}$ relativement à M. $(ii) \Rightarrow (i)$ est évident. $\qquad\square$

Proposition 3.1.9. *Soient A un anneau, f, g et h des filtrations sur A, M un A-module.*

   (i) Si f une β-réduction de g relativement à M et g une β-réduction de h relativement à M, alors f une β-réduction de h relativement à M.

(ii) Si f une β-réduction de g relativement à M et si $f \leq h \leq g$, alors h une β-réduction de g relativement à M.

(iii) Si f une β-réduction de g relativement à M et f' une β-réduction de g' relativement à M, alors ff' est une β-réduction de gg' relativement à M.

Démonstration. Soient $f = (I_n)_{n \in \mathbb{Z}}$, $g = (J_n)_{n \in \mathbb{Z}}$, $h = (K_n)_{n \in \mathbb{Z}}$, $f' = (I'_n)_{n \in \mathbb{Z}}$, $g' = (J'_n)_{n \in \mathbb{Z}}$.

(i) Si f une β-réduction de g relativement à M et g une β-réduction de h relativement à M, alors $f \leq g \leq h$ et il existe : $\exists k \in \mathbb{N}^{\star}$, $l \in \mathbb{N}^{\star}$, tels que : $\forall n \geq k$, $J_{k+n}M = J_k I_n M$ et $\forall n \geq l$, $K_{l+n}M = K_l J_n M$. $K_{l+lk}I_n M = (K_l J lk)I_n M = K_l(J_{lk}I_n)M = K_l J_{lk+n}M = K_{l+lk+n}M$, $\forall n \geq \sup(k,l)$. Et en posant $m = l + lk$, on obtient $\forall n \geq m$, $K_{m+n}M = K_m I_n M$.

(ii) f une β-réduction de g relativement à M et on a : $\forall n \geq k$, $J_{k+n}M = J_k I_n M$, alors : $J_k K_n M \subseteq J_k J_n M \subseteq J_{k+n}M \subseteq J_k I_n M \subseteq J_k K_n M$. D'où $\forall n \geq k$, $J_{k+n}M = J_k K_n M$ c'est-à-dire h une β-réduction de g relativement à M.

(iii) f une β-réduction de g relativement à M et f' une β-réduction de g' relativement à M, on a : $f \leq g$, $f' \leq g'$ et il existe de s entiers $k \geq 1$, $l \geq 1$ tels que : $\forall n \geq k$, $J_{k+n}M = J_k I_n M$ et $\forall n \geq l$, $J'_{l+n}M = J'_l I'_n M$. $\forall n \geq sup\{k,l\}$, $J_{kl+n}J'_{kl+n}M = (J_{kl}I_n)(J'_{kl}I'_n)M = (J_{kl}J'_{kl})(I_n I'_n)M$.

En posant $p = kl$, on obtient : $\forall n \geq p$, $J_{p+n}J'_{p+n}M = (J_p J'_p)(I_n I'_n)M$; de plus $ff' \leq gg'$ et donc ff' est une β-réduction de gg' relativement à M. $\square$

Proposition 3.1.10. *Si dans un anneau A, une filtration $f = (I_n)_{n \in \mathbb{Z}}$ est une β-réduction de $g = (J_n)_{n \in \mathbb{Z}}$ fortement A.P relativement à M, alors il existe $t \in \mathbb{N}^{\star}$ tel que pour tout $n \in \mathbb{N}^{\star}$, I_{tn} soit une réduction au sens de Northcott et Rees de J_{tn} relativement à M.*

Démonstration. La filtration g étant fortement A.P, alors il existe $r \in \mathbb{N}^{\star}$, tel que $\forall n \in \mathbb{N}^{\star}$, $J_{rn} = J_r^n$. D'après le Lemme 3.1.1, il existe $k \in \mathbb{N}^{\star}$, $\forall n \geq k$, $s \geq 1$, $J_{ks+n}M = J_{ks}I_n M$. Donc, $\forall n \geq 1$, $J_{rkn(k+1)+rn(k+1)}M = J_{rkn(k+1)}I_{rn(k+1)}M$. Et : $J_{rn(k+1)(k+1)}M = J_{rkn(k+1)}I_{rn(k+1)}M$. Posons $t = r(k+1)$. On a donc, pour tout $n \geq 1$, $J_{tn}^{k+1}M = J_{tn}^k I_{tn}M$ avec $I_{tn} \subseteq J_{tn}$. D'où I_{tn} est une réduction au sens de Northcott et Rees de J_{tn} relativement à M. $\square$

L'exemple suivant montre que la réciproque est fausse. Soit un idéal I d'un anneau. Posons $g = f_I$ et $f = (I_n)_{n \in \mathbb{Z}}$ avec :

$$I_n = \begin{cases} I^n, & \text{si } n \text{ pair} \\ I^{n+1} & \text{si } n \text{ impair} \end{cases}$$

$f \leq g$ par contruction. g est une filtration fortement A.P car elle est I-adique. Pour tout $n \geq 1$, $I_{2n} = I^{2n}$ et $J_{2n} = I^{2n}$. Pour tout $n \geq 1$, I_{2n} est une J_{2n} car $I_{2n} = J_{2n}$. Mais f n'est pas une β-réduction de g, à fortiorie f n'est pas une β-réduction de g relativement à M. Pour cela, montrons que pour tout $k \geq 1$, il existe $n \geq k$ tels que $J_{k+n} \neq J_k I_n$. En effet pour tout entier $k \geq 1$ et pair, on a :

$$I_n = \begin{cases} J_k I_{k+3} = I^k I^{k+3+1} = I^{2k+4} \\ J_{2k+3} = I^{2k+3} \end{cases}$$

et $J_{2k+3} \neq J_k I_{k+3}$. pour tout entier $k \geq 1$ et impair, on a :

$$I_n = \begin{cases} J_k I_{k+2} = I^k I^{k+3} = I^{2k+3} \\ J_{2k+2} = I^{2k+2} \end{cases}$$

et $J_{2k+2} \neq J_k I_{k+2}$.

Définition 3.1.6. *Soient f une filtration de A et M un A-module. f est une AP filtration relativement à M si et seulement si : $\forall j \in \mathbb{N}, \exists k_j \in \mathbb{N}, \forall n \in \mathbb{N}, I_{k_j n} M \subseteq I_j^n M$ où*
$$\lim_{j \to +\infty} \frac{k_j}{j} = 1$$

Définition 3.1.7. *Soient f une filtration de A et M un A-module. f est une E.A filtration relativement à M si et seulement si : $\exists k \in \mathbb{N}^\star, \forall n \in \mathbb{N}^\star, I_n M = \left(\sum_{i=1}^{k} I_{n-i} I_i \right) M$.*

On a la :

Proposition 3.1.11. *Soient f et g deux filtrations sur un anneau A telles que f soit une β-réduction de g relativement à un A-module M. Alors :*

(i) *f est une filtration A.P relativement à M si et seulement si g est une filtration A.P relativement à M.*

(ii) *Si f est une filtration E.A relativement à M alors g est une filtration E.A relativement à M.*

Démonstration. (i) $f = (I_n)_{n \in \mathbb{Z}}$ et $g = (J_n)_{n \in \mathbb{Z}}$. Si f est une filtration A.P relativement à M, alors : $\forall j \in \mathbb{N}, \exists k_j \in \mathbb{N}, \forall n \in \mathbb{N}, I_{k_j n} M \subseteq I_j^n M$ o $\lim_{j \to +\infty} \frac{k_j}{j} = 1$. Comme f est une β-réduction de g relativement à un A-module M : $\exists r \in \mathbb{N}^\star, \exists n_0 \in \mathbb{N}, \forall n \geq n_0, J_{r+n} M = J_r I_n M$. Donc $\forall n \geq n_0, J_{r+n} M \subseteq I_n M$ et $\forall n \geq 1$:

$$J_{(rj+n_0+k_j)n} M = J_{r+r(n-1)+(n_0+k_j)n} M \subseteq I_{r(n-1)+(n_0+k_j)n} M \subseteq I_{k_j n} M \subseteq I_j^n M \subseteq J_j^n M.$$

Pour $n = 0$, la relation $J_{(r+n_0+k_j)n} M \subseteq J_j^n M$ est évidente. Posons $m_j = r + n_0 + k_j$. On a donc : $J_{m_j n} M \subseteq J_j^n M$, pour tout $n \geq 0$ et

$$\lim_{j \to +\infty} \frac{m_j}{j} = \lim_{j \to +\infty} \frac{r + n_0 + k_j}{j} = \lim_{j \to +\infty} \frac{k_j}{j} = 1,$$

ce qui signifie que $g = (J_n)_{n \in \mathbb{Z}}$ est une A.P -filtration relativement à M. Réciproquement, on suppose que $g = (J_n)_{n \in \mathbb{Z}}$ est une A.P-filtration relativement à M. Alors $\forall j \in \mathbb{N}, \exists k_j \in \mathbb{N}, \forall n \in \mathbb{N}, J_{k_j n} M \subseteq J_j^n M$, $\lim\limits_{j \to +\infty} \dfrac{k_j}{j} = 1$, et :

$$I_{(r+k_{r+n_0+j}n)} M \subseteq J_{(r+k_{r+n_0+j}n)} M \subseteq J_{k_{r+n_0+j}n}^n M \subseteq J_{r+n_0+j}^n M.$$

D'autre part la relation $\forall n \geq n_0, J_{r+n} M \subseteq I_n M$ implique $J_{r+n_0+j} M \subseteq I_{n_0+j} M \subseteq I_j M$. Finalement $I_{(r+k_{r+n_0+j}n)} M \subseteq J_{r+n_0+j}^n M \subseteq I_j^n M$. En posant $t_j = r + k_{r+n_0+j}$, on a : $\forall n \in \mathbb{N}, I_{t_j n} M \subseteq I_j^n M$ avec

$$\lim_{j \to +\infty} \frac{t_j}{j} = \lim_{j \to +\infty} \frac{r + k_{r+n_0+l}}{j} = \lim_{j \to +\infty} \frac{k_{r+n_0 j}}{j} = \lim_{p \to +\infty} \frac{k_p}{p - r + n_0} = \lim_{p \to +\infty} \frac{k_p}{p} = 1$$

où $p = r + n_0 + j$. Ce qui signifie que $f = (I_n)_{n \in \mathbb{Z}}$ est une A.P -filtration relativement à M.

(ii) Si f est une filtration E.A relativement à M, il existe $k \in \mathbb{N}^*$ tel que : $\forall n \geq 1, I_n M = (\sum\limits_{i=1}^{k} I_{n-i} I_i) M$. f étant une β-réduction de g relativement à M, il existe $r \in \mathbb{N}^*$ et $n_0 \in \mathbb{N}$, tel que $\forall p \geq n_0$:

$$J_{r+p} M = J_r I_p M = J_r (\sum_{i=1}^{k} I_{p-i} I_i) M = (\sum_{i=1}^{k} (J_r I_{p-i}) I_i) M \subseteq (\sum_{i=1}^{k} J_{r+p-i} J_i) M \subseteq J_{r+p} M.$$

Donc : $\forall p \geq n_0, J_{r+p} M = (\sum\limits_{i=1}^{k} J_{e+p} J_i) M$. Posons $n = r+p$, alors : $\forall n \geq r+n_0, J_n M = (\sum\limits_{i=1}^{k} I_{n-i} J_i) M$, et par suite $\forall n \geq r + n_0 + k$:

$$\left(\sum_{i=1}^{r+n_0+k} J_{n-i} J_i \right) M = \left(\sum_{i=1}^{k} J_{n-i} J_i + \sum_{i=k+1}^{r+n_0+k} J_{n-i} J_i \right) M = \left(J_n + \sum_{i=k+1}^{r+n_0+k} J_{n-i} J_i \right) M = J_n M$$

car $\sum\limits_{i=k+1}^{r+n_0+k} J_{n-i} J_i \subseteq \sum\limits_{i=k+1}^{r+n_0+k} J_n \subseteq J_n$. En posant $s = r + n_0 + k$, on a : $\forall n \geq s, J_n M = (\sum\limits_{i=1}^{s} J_{n-i} J_i) M$. Alors d'après la Remarque 1.2.14 dans [36], $\forall n \geq 1, J_n M = (\sum\limits_{i=1}^{s} J_{n-i} J_i) M$, et g est une filtration E.A relativement à M.

$\square$

3.2 β-réduction de filtrations et pseudo-valuations.

Proposition 3.2.1. *Soit $f = (I_n)_{n \in \mathbb{Z}}$ une filtration de A, M un A-module. Alors v_f définie par $\forall x \in A, v_f(x) = \sup\{n \in \mathbb{N}, x \in I_n\}$ est une pseudo-valuation sur A, appelée pseudo-valuation associée à la filtration f.*

Démonstration. Montrons que $\forall x, y \in A; v_f(xy) \geq v_f(x) + v_{f,}(y)$. Par définition de v_f, nous avons : $x \in I_{v_f(x)}$, $y \in I_{v_f(y)}$ et $xy \in I_{v_f(xy)}$. Par ailleurs $xy \in I_{v_f(y)}I_{v_f,(x)} \subseteq I_{v_f(x)+v_f(y)}$, il en découle : $\forall x, y \in A, v_f(xy) \geq v_f(x) + v_f(y)$. Montrons que $v_f(x+y) \geq \min\{v_f(x), v_f(y)\}$. $(x+y) \in I_{v_f(x)} + I_{v_f(y)}$. Si $v_f(x) \leq v_f(y)$ alors $(x+y) \in I_{v_f(x)}$ car $I_{v_f(y)} \subseteq I_{v_f(x)}$. Donc $v_f(x+y) \geq v_f(x)$ De la mÃªme manière si $v_f(y) \leq v_f(x)$ on montre $v_f(x+y) \geq v_f(y)$. D'où $v_f(x+y) \geq \min\{v_f(x), v_f(y)\}$. Enfin $\forall n \in \mathbb{N}, 0 \in I_n$, donc $v_f(0) = +\infty$. D'où $v_{f,}$ est une pseudo-valuation sur A. $\qquad\square$

On note par $\overline{v}_f$ la pseudo-valuation homogène associée à f : $\overline{v}_f(x) = \lim\limits_{n \to +\infty} \dfrac{v_{f,}(x^n)}{n}$. On montre que $\forall p \in \mathbb{N}^\star, \overline{v}_f(x^p) = p\overline{v}_f(x)$ et $\sqrt{f} = \{x \in A, \overline{v}_f(x) > 0\}$.

Remarque 3.2.1. Si f est une β-réduction de g alors $\sqrt{f} = \sqrt{g}$. En effet si $f = (I_n)_{n \in \mathbb{Z}}$ est une β-réduction de $g = (J_n)_{n \in \mathbb{Z}}$ alors $f \leq g$ et il existe $r \in \mathbb{N}^\star$ et $n_0 \in \mathbb{N}$ tels que $\forall n \geq n_{0,}, J_{r+n} = J_r I_n$. On a donc $\forall n \geq n_0$, $J_{r+n} \subseteq I_n \subseteq J_n \sqrt{g} = \sqrt{J_{r+n}} \subseteq \sqrt{I_n} \subseteq \sqrt{J_n} = \sqrt{g}$ avec $\sqrt{I_n} = \sqrt{f}$. D'où $\sqrt{f} = \sqrt{g}$.

Proposition 3.2.2. *Dans un anneau c.u A, si une filtration f est une β-réduction de g, alors $\overline{v}_f = \overline{v}_g$.*

Démonstration. $f = (I_n)_{n \in \mathbb{Z}}$, $g = (J_n)_{n \in \mathbb{Z}}$. Si f est une β-réduction de g alors $f \leq g$ et il existe $r \in \mathbb{N}^\star$ et $n_0 \in \mathbb{N}$, $\forall n \geq n_0$, $J_{r+n} = J_r I_n$. Il est clair que $f \leq g$ implique $\forall x \in A$, $\overline{v}_f(x) \leq \overline{v}_g(x)$ Nous allons montrer que $\forall x \in A$, $\overline{v}_g(x) \leq \overline{v}_f(x)$. D'après la remarque 5 nous avons $\sqrt{f} = \sqrt{g}$. Si $x \notin \sqrt{g} = \sqrt{f}$, alors $\overline{v}_g(x) = 0$ et $\overline{v}_f(x) = 0$, par suite $\overline{v}_f(x) = \overline{v}_g(x)$. Si $x \in \sqrt{f} = \sqrt{g}$ donc $\overline{v}_g(x) > 0$. Alors, soient p et q deux entiers strictement positifs tels que $0 < \dfrac{p}{q} < \overline{v}_g(x) = \lim\limits_{n \to +\infty} \dfrac{v_f(x^n)}{n}$.

Donc pour tout n assez grand $x^{nq} \in J_{np}$.

Pour tout $n \in \mathbb{N}$, il existe $q_n \in \mathbb{N}$ et $s_n \in \mathbb{N}$ tels que $n = rq_n + s_n$ avec $0 \leq s_n < r$. $np = rpq_n + ps_n \geq rpq_n$. Donc :

$$x^{nq} \in J_{np} \subseteq J_{rpq_n} = J_{r+r(pq_n-1)} \subseteq J_r I_{r(pq_n-1)} \subseteq I_{r(pq_n-1)}, \forall n >> 0.$$

Donc : $\overline{v}_f(x) \geq \dfrac{r(pq_n - 1)}{nq} = \dfrac{p}{q} \cdot \dfrac{rq_n - \frac{r}{p}}{n}$.

Lorsque $n \to +\infty$, on obtient $\overline{v}_f(x) \geq \dfrac{p}{q}$.

On a donc prouver que pour tout $(p, q) \in \mathbb{N}^\star \times \mathbb{N}^\star$, si $0 < \dfrac{p}{q} < \overline{v}_g(x)$, alors $\dfrac{p}{q} \leq \overline{v}_f(x)$.

D'où $\overline{v}_g(x) \leq \overline{v}_f(x)$.

Finalement pour tout $x \in A$, $\overline{v}_g(x) = \overline{v}_f(x)$. □

3.3 β-réduction de filtration et largeur analytique.

Soient un anneau A, I un ideal de A et f une filtration sur A. J.S OKON a défini dans [13] la largeur analytique $\lambda(f)$ de f par : $\lambda(I) = \sup\limits_{m \in \max A} \left\{ dim_{Krull}(\dfrac{\Re(A,I)}{(u,m)\Re(A,I)}) \right\}$.

Et $\lambda(f) = \sup\limits_{m \in \max A} \left\{ dim_{Krull}(\dfrac{\Re(A,f)}{(u,m)\Re(A,f)}) \right\}$, où $\Re(A,f)$ (respectivement $\Re(A,f)$) est l'anneau de Rees généralisé de A par rapport à f (respectivement de A par rapport à I) et $u = \dfrac{1}{X}$. Nous rappelons que $\Re(A,f) = \bigoplus\limits_{n \in \mathbb{Z}} I_n X^n$ lorsque $f = (I_n)_{n \in \mathbb{Z}}$ et $\Re(A,I) = \bigoplus\limits_{n \in \mathbb{Z}} I^n X^n$.

Théorème 3.3.1. *Soient f et g deux filtrations sur un anneau A telles que $f \leq g$:*

(i) si $\Re(A,g)$ est entier sur $\Re(A,f)$ alors $\lambda(f) = \lambda(g)$.

(ii) Si A est noethérien et si f est une β-réduction de g alors $\lambda(f) = \lambda(g)$.

Démonstration. (i) On a $\lambda(f) = \sup\limits_{m \in \max A} \left\{ dim_{Krull}(\dfrac{\Re(A,f)}{(u,m)\Re(A,f)}) \right\}$. Soit $m \in \max A$.
Pour tout $p \in V[(m,u)\Re(A,f)]$, il existe un idéal premier P de $\Re(A,g)$ telque $P \cap \Re(A,f) = p$. On donc $P \supseteq V[(u,m)\Re(A,g)]$. Si $\Re(A,g)$ est entier sur $\Re(A,f)$ alors $\dfrac{\Re(A,g)}{P}$ est entier sur $\dfrac{\Re(A,f)}{p}$; et $dim_{krull}(\dfrac{\Re(A,f)}{p}) = dim_{krull}(\dfrac{\Re(A,g)}{P})$; or $dim_{krull}(\dfrac{\Re(A,g)}{P}) \leq dim_{Krull}(\dfrac{\Re(A,g)}{(u,m)\Re(A,g)})$. Donc

$$dim_{Krull}(\dfrac{\Re(A,f)}{(u,m)\Re(A,f)}) = \sup\limits_{p}(dim(\dfrac{\Re(A,f)}{p})) \leq dim_{Krull}(\dfrac{\Re(A,g)}{(u,m)\Re(A,g)})$$

(avec p idéal premier de $\Re(A,f)$ contenant $(u,m)\Re(A,g)$). Posons $p = P \cap \Re(A,f)$.
Alors $p \supseteq (u,m)\Re(A,f)$. On a donc $dim_{krull}(\dfrac{\Re(A,g)}{P}) = dim_{krull}(\dfrac{\Re(A,f)}{p}) \leq dim_{Krull}(\dfrac{\Re(A,f)}{(u,m)\Re(A,f)})$; et $dim_{Krull}(\dfrac{\Re(A,g)}{(u,m)\Re(A,g)}) \leq dim_{Krull}(\dfrac{\Re(A,f)}{(u,m)\Re(A,f)})$.
On a montré que pour tout idéal maximal m de A. D'où $\lambda(f) = \lambda(g)$.

(ii) Si A est noethérien et si f est une β-réduction de g, alors $\Re(A,g)$ est entier sur $\Re(A,f)$ ([36]-Proposition 1-2-11-(i)), d'où $\lambda(f) = \lambda(g)$, d'après (i).

□

Dans un anneau local noethérien (A, m). Northcott et Rees ont défini dans [12] la largeur analytique d'un idéal I comme étant le nombre $\lambda(I) = 1 + deg\varphi_I$ où φ_I est la fonction polynomiale $n \mapsto \varphi_I(n) = \ell_K(\dfrac{I^n}{mI^n})$ est la longueur du A-module $\dfrac{I^n}{mI^n}$, $deg\varphi_I$ est le degré de φ_I et $deg(0) = -1$ par convention. Des éléments $x_1, x_2, ..., x_r$ de I sont analytiquement indépendants dans I si pour tout polynôme F homogène de degré p de $A[X_1, X_2, ..., X_r]$ tel que $F(x_1, x_2, ..., x_r) = 0[\pmod{mI^p}]$ on a $F \in m[X_1, X_2, ..., X_r]$. Northcott et Rees ont montré que si le corps K est infini, alors $dim(\bigoplus\limits_{n \geq 0} \dfrac{I^n}{mI^n})$ est le nombre maxmum d'éléments de I analytiquement indépendants dans I et ce nombre est égal à $\lambda(I)$. Nous allons montrer que le Théorème 4 établi par Northcott et Rees dans [12] est un Corollaire du Théorème 1-4-1 .Pour cela, nous allons d'abord établir un lemme sur les quotients d'anneaux de Rees. Soient I et J deux idéaux de A alors le groupe $\bigoplus\limits_{n \geq 0} \dfrac{I^n}{JI^n}$ est un anneau gradué si l'on définit le produit de deux éléments homogènes par : $(a + JI^p)(b + JI^q) = ab + JI^{p+q}$ où $a \in I^p$, $b \in I^q$, et si l'on étend ensuite ce produit par linéarité, à la somme directe : cet anneau gradué sera noté par $G(A, I, J) = \bigoplus\limits_{n \geq 0} \dfrac{I^n}{JI^n}$.

Lemme 3.3.2. *Si $I \subseteq J$, les anneaux $G(A, I, J) = \bigoplus\limits_{n \geq 0} \dfrac{I^n}{JI^n}$ et $\dfrac{\Re(A, I)}{(u, J)\Re(A, I)}$ sont isomorphes.*

Démonstration. Soit l'application φ de $\Re(A, I)$ dans $G(A, I, J)$ définie par : $\varphi(\sum\limits_{n=-p}^{q} a_n X^n) = \sum\limits_{n \geq 0}(a_n + JI^n)$ où $a_n \in I^n$, $\forall n \in \mathbb{Z}$ et $\forall n \leq 0$, $I^n = A$. φ est un épimorphisme car :

(i) φ est évidemment surjectif.

(ii) $\varphi(\sum\limits_{n \in K} a_n X^n + \sum\limits_{n \in L} b_n X^n) = \varphi(\sum\limits_{n \in K \cup L}(a_n + b_n)X^n)$, $K \subseteq \mathbb{Z}$ et $L \subseteq \mathbb{Z}$, $a_n \in I^n$, $b_n \in I^n$.

$$\begin{aligned} \varphi(\sum\limits_{n \in K \cup L}(a_n + b_n)X^n) &= \sum\limits_{n \in K \cup L, n \geq 0}((a_n + b_n) + JI^n) \\ &= \sum\limits_{n \in K, n \geq 0}(a_n + JI^n) + \sum\limits_{n \in L, n \geq 0}(b_n + JI^n) \\ &= \varphi(\sum\limits_{n \in K} a_n X^n) + \varphi(\sum\limits_{n \in L} b_n X^n) \end{aligned}$$

(iii) Si $x = a_n X^n$, $n \geq 0$ et $y = b_m X^m$, $m \geq 0$ avec $a_n \in I^n$, $b_m \in I^m$, alors : $\varphi(xy) = \varphi(a_n b_m X^{n+m}) = a_n b_m + JI^{n+m} = (a_n + JI^n)(b_m + JI^m) = \varphi(x)\varphi(y)$. Si $x = \dfrac{a_n}{X^n}$, $n > 0$ et $y = \dfrac{b_m}{X^m}$, $m > 0$ avec $a_n \in A, b_m \in A$, alors : $\varphi(x) = 0, \varphi(y) = 0$ et $\varphi(xy) = \varphi(\dfrac{a_n b_m}{X^{n+m}}) = 0$ et $\varphi(xy) = \varphi(x)\varphi(y) = 0$. Si $x = a_n X^n$, $n \geq 0$ et $y = \dfrac{b_m}{X^m}$, $m > 0$ avec $a_n \in I^n, b_m \in A$, alors : $\varphi(x) = a_n + JI^n, \varphi(y) = 0$,

$\varphi(xy) = \varphi(a_n b_m X^{n-m}) = a_n b_m + JI^{n-m} = 0$, donc $\varphi(xy) = \varphi(x)\varphi(y)$ si $I \subseteq J$
(En effet si $I \subseteq J$, $a_n b_m \in I^n = II^{n-1} \subseteq JI^{n-1} \subseteq JI^{n-m}$ et $a_n b_m + JI^{n-m} = 0$,
donc φ est un épimorphisme d'anneaux. Montrons que $Ker\varphi = (u, J)\Re(A, I)$. Soit
$z = \sum_{n=-p}^{q} a_n X^n \in Ker\varphi$, alors $\sum_{n=0}^{q}(a_n + JI^n) = 0$ et par suite $a_n \in JI^n$ pour tout
$n = 0, 1, ..., q$. Donc si $0 \leq n \leq q$, $a_n X^n \in JI^n X^n \subseteq J\Re(A, I) \subseteq (u, J)\Re(A, I)$.
Si $n < 0$, $n = -m, m > 0$ et $a_n X^n = a_{-m} X^{-m} \subseteq u\Re(A, I) \subseteq (u, J)\Re(A, I)$.
D'où $Ker\varphi \subseteq (u, J)\Re(A, I)$. Réciproquement, on a $\varphi(u) = \varphi(1.X^{-1} = 0)$. Donc
$u \in Ker\varphi$ (1), de même si $a \in J \subseteq A \subseteq I^0$, $a = aX^0$, $\varphi(a) = a + JI^0 = a + J =$
0, donc $J \subseteq Ker\varphi$ (2), (1) et (2) impliquent $(u, J)\Re(A, I) \subseteq Ker\varphi$. Finalement
$Ker\varphi = (u, J)\Re(A, I)$ et l'isomorphisme anoncé en résulte.

$\square$

Remarque 3.3.1. Dans un anneau local noethérien A, d'idéal maximal m où le corps
$K = \dfrac{A}{m}$ est infini, la largeur analytique d'un idéal propre I au sens de Northcott-Rees
est égal à la largeur analytique de I au sens de OKON. En effet comme : $\bigoplus_{n \geq 0} \dfrac{I^n}{mI^n} \simeq$
$\dfrac{\Re(A, I)}{(u, m)\Re(A, I)}$ (Lemme 3.3.2), on a : $dim(\bigoplus_{n \geq 0} \dfrac{I^n}{mI^n}) = dim(\dfrac{\Re(A, I)}{(u, m)\Re(A, I)})$.

Corollaire 3.3.3. *Soient I et J deux idéaux propres d'un anneau local noethérien A,
d'idéal maximal m et de corps résiduel $K = \dfrac{A}{m}$ infini. Si I est une réduction de J, alors
$\lambda(I) = \lambda(J)$.*

Démonstration. Si I est une réduction de J, alors f_I est une β-réduction de f_J. Donc
$\lambda(f_I) = \lambda(f_J)$ (Théorème 3.3.1) ce qui signifie que $\lambda(I) = \lambda(J)$ au sens de OKON alors
d'après la Remarque 6 $\lambda(I) = \lambda(J)$ au sens de Northcott-Rees. $\square$

Chapitre 4

4. β-réduction et dependance intégrale, filtrations f-bonnes.

4.1 β-réduction de filtrations et dependance intégrale sur une filtration.

Les définitions proviennent de H.Dichi [4].

Définition 4.1.1. *Soient deux filtrations f et g sur un anneau A. g est entière sur f si $g \leq P(f)$ (où $P(f)$ est la clôture prüférienne de f).*

Définition 4.1.2. *g est fortement entière sur f si $f \leq g$ et $R(A, g)$ est une $R(A, f)$-algèbre de type fini.*

Proposition 4.1.1. *Soient f et g deux filtrations sur un anneau noethérien. Si f est une β-réduction de g, alors g est fortement entière sur f.*

Démonstration. Mahamadou Soumaré à démontré dans sa thèse [36, Proposition 1.2.11] que, si f est une β-réduction de g dans un anneau nœthérien, alors $R(A, g)$ est une $R(A, f)$-algèbre finie et par suite g est fortement entière sur f. □

Remarque 4.1.1. La réciproque de cette proposition est fausse sans hypothèse supplémentaire sur la filtration f. Soit un corps K et l'idéal $I = (X)$ dans l'anneau noethérien $A = K[X]$. $g = (J_n)_{n \in \mathbb{Z}}$ avec $J_n = \begin{cases} I^{\frac{3n}{2}}, & \text{si } n \text{ pair} \\ I^{\frac{3n+1}{2}} & \text{si } n \text{ impair} \end{cases}$ $f = (I_n)_{n \in \mathbb{Z}}$ avec $I_n = \begin{cases} I^{\frac{3n}{2}}, & \text{si } n \text{ pair} \\ I^{\frac{3n+3}{2}} & \text{si } n \text{ impair} \end{cases}$ g est une filtration E.A car pour tout entier $n \geq 1$, $J_n = \sum_{i=1}^{2} J_{n-i}J_i$

(En effet si n est pair ($n-1$ impair et $n-2$ pair) $J_{n-1}J_1 + J_{n-2}J_2 = I^{\frac{3(n-1)+1}{2}}I^2 + I^{\frac{3(n-2)}{2}}I^3 = I^{\frac{3n}{2}} = J_n$. Si n impair ($n-1$ pair et $n-2$ impair) $J_{n-1}J_1 + J_{n-2}J_2 = I^{\frac{3(n-1)}{2}}I^2 + I^{\frac{3(n-2)}{2}}I^3 = I^{\frac{3n+1}{2}} = J_n$). D'autre part $J_{2n} = I^{3n} = (I^3)^n$ et $I_{2n} = I^{3n} = (I^3)^n$ pour tout $n \geq 0$, $g^{(2)} = f_{I^3}$ et $f^{(2)} = f_{I^3}$. Donc $g^{(2)} = f^{(2)}$ et $g^{(2)}$ est entière sur $f^{(2)}$. Par conséquent g est entière sur f ([4, Proposition 4-2]) comme g est essentiellement adique, g est fortement entière sur f ([4, Remarque 3.1.6]). Mais f n'est pas une β-réduction de g. Il suffit de montrer que pour tout entier $r \geq 1$ et pour tout entier $n_0 \geq 0$, il existe un entier $n \geq n_0$ tels que : $J_{r+n} \neq J_r I_n$. Pour tout r pair et pour tout n_0 pair, on a : $J_{r+n_0+1} = I^{\frac{3(r+n_0+1)+1}{2}} = I^{\frac{3r+3n_0+4}{2}}$, et $J_r I_{n_0+1} = J^{\frac{3r}{2}} I^{\frac{3(n_0+1)+2}{2}} = I^{\frac{3r+3n_0+6}{2}}$. Donc $J_{r+n_0+1} \neq J_r I_{n_0+1}$. Pour tout r impair et n_0 impair, on a : $J_{r+n_0+2} = I^{\frac{3(r+n_0+2)}{2}} = I^{\frac{3r+3n_0+6}{2}}$, $J_r I_{n_0+2} = I^{\frac{3r+2}{2}} I^{\frac{3(n_0+2)+2}{2}} = I^{\frac{3r+3n_0+10}{2}}$. Donc $J_{r+n_0+2} \neq J_r I_{n_0+2}$. Pour r pair et n_0 impair, on a $J_r I_{n_0+2} = I^{\frac{3r}{2}} I^{\frac{3(n_0+2)+3}{2}} = I^{\frac{3r+3n_0+9}{2}}$, $J_{r+n_0+2} = I^{\frac{3(r+n_0+2)+1}{2}} = I^{\frac{3r+3n_0+7}{2}}$. Donc $J_{r+n_0+2} \neq J_r I_{n_0+2}$. Pour r impair et n_0 pair, on a : $J_{r+n_0+3} = I^{\frac{3(r+n_0+3))}{2}} = I^{\frac{3r+3n_0+9}{2}}$ et $J_r I_{n_0+3} = I^{\frac{3r+1}{2}} I^{\frac{3(n_0+3)+3}{2}} = I^{\frac{3r+3n_0+13}{2}}$. Donc $J_{r+n_03} \neq J_r I_{n_0+3}$.

Proposition 4.1.2. *Soient f et g deux filtrations sur un anneau A telles que $f \leq g$ et f fortement noethérienne, si g est fortement entière sur f, alors f est une β-réduction de g.*

Démonstration. Supposons $g = (J_n)_{n \in \mathbb{Z}}$ fortement entière sur $f = (I_n)_{n \in \mathbb{Z}}$ c'est-à-dire $R(A,g)$ est une algèbre de type fini sur $R(A,f)$ $R(A,g) = \bigoplus_{n \geq 0} J_n X^n$ est engendré par $(x_1, x_2, ..., x_s)$. Nous pouvons supposer les x_i homogènes de degrés d_i. On a : $x_i = y_{d_i} X^{d_i}$ avec $y_{d_i} \in J_{d_i}$. Soit $t = \max\{d_1, d_2, ..., d_s\}$. f étant fortement noethérienne, il existe $n_0 \in \mathbb{N}$ tel que $\forall m \geq n_0, \forall n \geq n_0, I_{m+n} = I_m I_n$. Posons $r = n_0 + t$. Nous allons montrer que $\forall n \geq n_0, J_{r+n} \subseteq J_r I_n$. Soit $z_{r+n} \in J_{r+n}, z_{r+n} X^{r+n} \in R(A,g)$, il existe donc des $b_i, (1 \leq i \leq s)$ tels que $b_i \in R(A,f)$ et $z_{r+n} X^{r+n} = \sum_{i=1}^{s} b_i x_i$. Nous pouvons prendre b_i homogène de dégré $r + n - d_i$. Donc $b_i = a_{r+n-d_i} X^{r+n-d_i}$, avec $a_{r+n-d_i} \in I_{r+n-d_i}, b_i x_i = a_{r+n-d_i} X^{r+n-d_i} y_{d_i} X^{d_i} = a_{r+n-d_i} y_{d_i} X^{r+n} \in J_{r+n-d_i} y_{d_i} X^{r+n}$ avec $n \geq n_0$ et $r - d_j = n_0 + t - d_i \geq n_0$. Donc $J_{r+n-d_i} y_{d_i} X^{r+n} = I_n J_{r-d_i} y_{d_i} X^{r+n} \subseteq I_n J_r X^{r+n}$, par suite $z_{r+m} \in J_r I_n$ et $\forall n \geq n_0, J_{r+n} \subseteq J_r I_n$. L'inclusion inverse étant évidente car $f \leq g$ et l'on a $\forall n \geq n_0, J_{r+n} = J_r I_n$ et f est une β-réduction g. $\square$

4.2 β-réduction de filtrations et multiplicité.

Soient un anneau nœthérien A, M un A-module de type fini, $f = (I_n)_{n \in \mathbb{Z}}$ une filtration d'altitude s et de cohauteur 0 sur A. $\ell_A\left(\dfrac{M}{I_n M}\right)$ désigne la longueur du A-module $\dfrac{M}{I_n M}$.

Définition 4.2.1. *La multiplicité de f par rapport à M, notée $e(f, M)$ est la limite lorsqu'elle existe de $\dfrac{1}{n^s} \ell_A\left(\dfrac{M}{I_n M}\right)$ quand n tend vers plus l'infini.*

Proposition 4.2.1. *Soient un anneau nœthérien A, M un A-module de type fini, f et g deux filtrations sur A. Si f est une β-réduction de g et si g est une filtration A.P de cohauteur 0, alors les multiplicités $e(f, M)$ et $e(g, M)$ existent et son égales.*

Démonstration. Si f est une β-réduction de g et si g est une filtration A.P alors f est une filtration A.P [36, Proposition 1.2.14]. De plus, $0 = coht(g) = coht(\dfrac{A}{\sqrt{g}}) = coht(\dfrac{A}{\sqrt{f}}) = coht(f)$ (car $\sqrt{f} = \sqrt{g}$ d'après [36, Remarque 2.22] les multiplicités $e(f, M)$ et $e(g, M)$ existent. Aussi g est fortement entière sur f [4, Proposition 2.2.3], alors comme [4, Proposition 3.2], on montre $e(f, M) = e(g, M)$. $\qquad\square$

Corollaire 4.2.2. *Soient A un anneau local nœthérien d'idéal maximal m, I et J deux idéaux de A. Si I est une réduction de J et J est m-primaire, alors I est m-primaire et $e(I, A) = e(J, A)$.*

Démonstration. I est une réduction de J si et seulement si f_I est une β-réduction de f_J [36, Remarque 1-2-2]. Si J est m-primaire alors $\sqrt{J} = m$ et $coht f_J = coht \sqrt{J} = coht m = coht \dfrac{A}{m} = 0$ car m est maximal. Si I est une réduction de J, alors $\sqrt{I} = \sqrt{J} = m$, donc I est m-primaire. Par conséquent $coht f_I = 0$. On applique alors la Proposition 4.2.1 à f_I et f_J qui sont des filtrations de cohauteur 0, et on en déduit que $e(f_I, A) = e(f_J, A)$ et $e(I, A) = e(J, A)$. $\qquad\square$

âĂć

âĂć

4.3 β-réduction de filtrations et filtrations f-bonnes.

La notion de filtration f-bonne est due à Ratliff et Rees [22] (1988).

Définition 4.3.1.   *(i) Soient deux filtrations $g = (J_n)_{n\in\mathbb{Z}}$ et $f = (I_n)_{n\in\mathbb{Z}}$ sur un anneau A. g est f-bonne si pour tout $(n, p) \in \mathbb{N}^2, I_n J_p \subseteq J_{n+p}$ et $\exists k \in \mathbb{N}^\star, \forall n \geq k, J_n = \displaystyle\sum_{i=1}^{k} I_{n-i} J_i$.*

(ii) g est f-fine si $\exists k \in \mathbb{N}^\star, \forall n \geq k, J_n = \displaystyle\sum_{i=1}^{k} I_i J_{n-i}$.

D'après les Théorèmes 2.1.3 et 2.12.1-[11], ces deux notions sont équivalentes lorsque f est une filtration E.A .

Proposition 4.3.1. *Soient A un anneau, f une filtration E.A sur A. Si f est une β-réduction de g, alors g est f-bonne.*

Démonstration. $f = (I_n)_{n \in \mathbb{Z}}$ et $g = (J_n)_{n \in \mathbb{Z}}$. Si f est une filtration E.A , il existe $k \in \mathbb{N}^*$ tel que $\forall n \geq 1, I_n = \sum_{i=1}^{k} I_{n-i} I_i$ f étant une β-réduction de g, il existe $r \in \mathbb{N}^*$ et $n_0 \in \mathbb{N}$ tels que $\forall p \geq n_0, J_{r+p} = J_r I_p$. $J_{r+p} = J_r (\sum_{i=1}^{k} I_{p-i} I_i) = \sum_{i=1}^{k} (J_r I_{p-i}) I_i = \sum_{i=1}^{k} I_i J_{r+p-i}$ pour tout $p \geq n_0 + 1$. Posons $r + p = n, n \geq r + n_0 + 1$. On a donc $\forall n \geq r + n_0 + 1, J_n = \sum_{i=1}^{k} I_i J_{n-1}$

Or $\sum_{i=1}^{r+n_0+1} I_i J_{n-i} = \sum_{i=1}^{k} I_i J_{n-i} + \sum_{i=k+1}^{r+n_0+1} I_i J_{n-i} = J_n + \sum_{i=k+1}^{r+n_0+1} I_i J_{n-i} = J_n$, car $\sum_{i=k+1}^{r+n_0+1} I_i J_{n-i} \subseteq$ $\sum_{i=k+1}^{r+n_0+1} J_n = J_n$. Posons $s = r + n_0 + 1$, on a : $\forall n \geq s, J_n = \sum_{i=1}^{s} I_i J_{n-i}$, ce qui signifie que g est f-fine, comme f est une E.A filtration, on en déduit que g est f-bonne. $\square$

Remarque 4.3.1. $f = (I_n)_{n \in \mathbb{Z}}$ et $g = (J_n)_{n \in \mathbb{Z}}$. Si g est f-bonne, alors $\forall (m,n) \in \mathbb{N}^2$, $I_m J_n \subseteq J_{m+n}$ et $\exists k \in \mathbb{N}^*, \forall n \geq k, J_n = \sum_{i=1}^{k} I_{n-1} J_i$. Donc : $\forall (m,n) \in \mathbb{N}^2, I_m X^m J_n X^n \subseteq J_{m+n} X^{m+n}$ et $\forall n \geq k, J_n X^n = \sum_{i=1}^{k} I_{n-i} X^{n-i} J_i X^i$. D'où $R(A,g)$ est une $R(A,f)$-algèbre et elle est engendrée sur $R(A,f)$ par $(J_0, J_1 X, ..., J_k X^k)$ avec les $J_i X^i$ sont de type fini car l'anneau A est noethérien. Par suite $R(A,g)$ est une $R(A,f)$-algèbre finie. Ainsi, si A est un anneau noethérien et g est f-bonne alors $R(A,g)$ est $R(A,f)$-algèbre finie et g est fortement entière.

Remarque 4.3.2. D'après les Propositions 2-1-3, 2-1-5 et la Remarque 8 de [36], nous avons :

  (*i*) Si f est une filtration E.A, g et A quelconques alors f β-réduction de g implique g est f-bonne.

  (*ii*) Si f et g quelconques, A noethérien, alors f β-réduction de g implique g est fortement entière sur f.

  (*iii*) Si f fortement noethérienne, g et A quelconques, alors g est fortement entière sur f implique f β-réduction de g.

  (*iv*) Si f, g quelconques, A noethérien, alors g est f-bonne implique g est fortement entière sur f.

  On en déduit la :

Proposition 4.3.2. *Soient un anneau noethérien A. f et g deux filtrations sur A telles que $f \leq g$ et f fortement noethérienne. Alors les assertions suivantes sont équivalentes :*

  (*i*) *f est une β-réduction de g.*

  (*ii*) *g est fortement entière sur f.*

(iii) g est f-bonne.

Théorème 4.3.3. *Soient un anneau noethérien A. f et g deux filtrations sur A telles que $f \leq g$, g noethérienne et f fortement noethérienne. Alors les assertions suivantes sont équivalentes :*

(i) *f est une β-réduction de g.*

(ii) *Pour tout entier $s \geq 1$, $f^{(s)}$ est une β-réduction de $g^{(s)}$.*

(iii) *Il existe un entier $s \geq 1$ tel que $f^{(s)}$ soit une β-réduction de $g^{(s)}$.*

(iv) *g est entière sur f.*

(v) *g est fortement entière sur f.*

(vi) *g est f-bonne.*

Démonstration. (i) $\Leftrightarrow$ (ii) d'après la Proposition 1-2-7 de [36].

(ii) $\Rightarrow$ (iii) évident.

(iii) $\Rightarrow$ (iv), si $f^{(s)}$ est une β-réduction de $g^{(s)}$, alors $g^{(s)}$ est fortement entière sur $f^{(s)}$ (Proposition 4.3.2) et donc $g^{(s)}$ est entière sur $f^{(s)}$. En appliquant la Proposition 4.2-[4], on en déduit que g est entière sur f.

(iv) $\Rightarrow$ (v) d'après la Remarque 3.1.b-[4].

(v) $\Leftrightarrow$ (vi) $\Leftarrow$ (i) (Proposition 4.3.2 ci-dessous). $\square$

CONCLUSION

Dans cette thèse, nous venons d'étudier en profondeur la notion de β-réduction de filtrations d'anneaux et de modules. Cette notions est abondamment utilisée en algèbre commutative, géométrie et géométrie algébrique à travers la largeur analytique, la pseudo-valuation homogène, la multiplicité et la clôture intégrale.

Nous avons établi des résultats nouveaux. Des difficultés sont apparues en tentant de prolonger certains résultats de la β-réduction des filtrations d'anneaux à celle de filtrations de modules. Ces problèmes seront étudiés ultérieurement. Une voie ouverte est la notion de "joint-réduction" définie comme suit :

Soient A un anneau local, I, J des idéaux primaires de A, $a \in I$ et $b \in J$, l'idéal engendré par (a, b) est appelé une réduction mutuelle de I et J si $(aI + bJ)$ est une réduction de I c'est-à-dire, il existe $n \in \mathbb{N}$ tel que $(IJ)^n = (IJ)^{n-1}(aI + bJ)$.

BIBLIOGRAPHIE

[1] W.BISHOP, *A theory of multiplicity for multiplicative filtration*, J.reine angew.math. 277 (1975) p.B-26.

[2] W. Bishop, J. W. Petro, L. J. Ratliff, Jr., and D. E. Rush, *Note on Noetherian filtrations*, Comm. Algebra, 17 (1989), 471-485.

[3] N. Bourbaki, *Eléments de Mathématiques*, Algèbre commutative. Chapitres 6 et 7. Masson.

[4] H.DICHI, *Dépendance intégrale sur une filtration*, Thèse de $3^{\text{ème}}$ cycle numéro 106 Université d'Abidjan (1987).

[5] H.DICHI, *Integral dependence over a filtration*, Journal of pure and applied algebra 58-(1989) p.7-18.

[6] H.DICHI, *Integral closure of a filtration relative to a module*, communications in algebra, 23 (8), 3145-3153 (1995).

[7] H.DICHI and D.SANGARE, *Filtrations, asymptotic and prüferian closures, cancellation laws*, Proc. Amer. Math. Soc. 113 (1991) 617-624.

[8] H.DICHI, D.SANGARE and M.SOUMARE, *filtrations, integral, dependance, reduction, f-good filtrations*, communication in algebra, 20 (a), 2991-2418 (1992).

[9] P. Eakin, *The converse to a well known theorem on Noetherian rings*, Math. Ann., 177(1968), 278-282.

[10] S.MAC ADAM, *Asymptotic prime divisors*, Lectures notes in mathematics 1023. (Springer-Berlin 1983).

[11] H.MATSUMURA, *Commutative ring theory*, Cambridge studies in advanced Maths.S.

[12] D.G NORTHCOTT and D.REES, *Reductions of ideals in local rings*, Proc Cambridge phil.Soc.50 (1954) p.145-158.

[13] J.S.OKON, *Prime divisors, analytic spread and filtrations*, Pacific.Journal of mathematics Vol.113 numéro 2 (1984) p.451-462.

[14] J. S. Okon and L. J. Ratliff, Jr., *Filtrations, closure operations, and prime divisors*, Math. Proc. Cambridge Philos. Soc, 104 (1988), 31-46.

[15] J. S. OKON and L. J. RATLIFF, JR., *REDUCTIONS OF FILTRATIONS*, PACIFIC JOURNAL OF MATHEMATICSVol. 144, No. 1, 1990.

[16] J. Lipman and A. Sathaye, *Jacobian ideals and a theorem of Briancon-Skoda*, Michigan Math. J., 28 (1981), 199-222.

[17] J. Lipman and B. Teissier, *Pseudo-rational local rings and a theorem of Briancon-Skoda about integral closures of ideals*, Michigan Math. J., 28 (1981), 97-116.

[18] L. J. Ratliff, Jr., *A characterization of analytically unramified semi-local rings and applications*, Pacific J. Math., 27 (1968), 127-143.

[19] L.J.Ratliff, Jr, *Locally quasi-unmixed Noetherian rings and ideals of the principal class*, Pacific J. Math., 52 (1974), 185-205

[20] L. J. Ratliff, Jr., *Notes on essentially powers filiations*, Michigan Math. J., 26 (1979), 313-324.

[21] L.J.RATLIFF. *Notes on essentially powers filtrations*, Michigan Math J.26 (1979) p.313-324.

[22] L.J.Ratliff, *Asymptotic sequences*, J. Algebra, 85 (1983), 337-360.

[23] D. Rees, *Asymptotic Properties of Ideals*, Nagoya Lecture Notes, preprint.

[24] D.Rees, *Reduction of modules*, Math. Proc. Cambridge Philos. So?, 101 (1987), 431-449.

[25] D.REES. *A transform of local rings and a thoerem of multiplicities for ideals*. Camb. Philos. Soc. 57 (1960) p. 8-17.

[26] D.Rees. *Semi-Noether filiations : I*, J. London Math. Soc, 37 (1988), 43-62.

[27] D.REES. *Valuation associated with a local ring*. Proc. London Math. Soc.(3), 5 (1959) p.107-128.

[28] P.RIBENBOIM. *Anneaux de Rees intégralement clos*, J.Reine Angew. Math. 204 (1960) 99-107.

[29] P. Schenzel, *Filtrations and Noetherian symbolic blow-up rings*, Proc. Amer. Math. Soc, 102 (1988), 817-822.

[30] M. Sakuma and H. Okuyama, *A criterion for analytically unramification of a local ring*, J. Gakugei, Tokushima Univ., 15 (1966), 36-38.

[31] D.SANGARE, *Sur diverses généralisations de la formule $\bar{v}_{I^n} = \frac{1}{n}\bar{v}_I$ aux pseudo-valuations associées à une filtration*, Seminaire d'Algèbre Département de Mathématiquement, Université d'Abidjan (1985).

[32] R.Y.SHARP. *Secondary representations for injective modules over commutative noetherian rings*. Proc. Edinburgh. Math. Soc. Vol 20 (1976) 143-151.

[33] R.Y.SHARP and Y.TIRAS. *Integral closures of ideals relative to artinian modules and exact sequences*. Glasgow Math. J.34 (1992) 103-107.

[34] R.Y.SHARP, Y.TIRAS and M.YASSI. *Integral closures of ideals relativement to local cohomology modules over quasi-unmixed local rings*, J.London Math. Soc (2) 42 (1990) 385-392.

[35] R. Y. Sharp and A.-J. Taherizadeh, *Reductions and integral closures of ideals relative to an artinian module*, J. London Math. Soc, 37 (1988), 203-218.

[36] M. SOUMARE, *Réductions de filtrations*, Thèse de $3^{\text{ème}}$ cycle, 1989-1990, Université de Cocody-Abidjan, Côte d'Ivoire.

www.ingramcontent.com/pod-product-compliance
Lightning Source LLC
Chambersburg PA
CBHW021610210326
41599CB00010B/689